親愛なる君と
もっと仲良くなる73の方法

犬に言いたいたくさんのこと

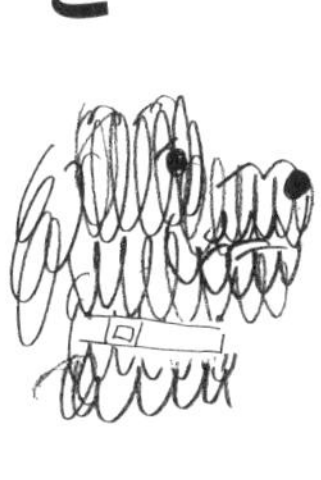

池田書店

はじめに

ペットブームと言われて久しくなりましたが、㈳ペットフード協会発表、平成23年度全国イヌ・ネコ飼育実態調査結果によると、イヌの飼育数は一一、九三六、〇〇〇頭となっています。計算すると、何と日本人の約18%がイヌと暮らしていることになります。

人はなぜ、これほどまでにイヌを飼うのでしょうか。理由はさまざまでしょうが、例えば、イヌは人間から冷たくされたとき、一時的に人間不信に陥る事があっても、そのあと心優しい人に出会えば、必ずその人を飼い主とみなして忠誠心を忘れることはありません。そんなイヌの主従関係を大切にする性格が、飼われる理由のひとつだと言えるでしょう。

また、イヌは飼い主がその気持ちを理解してあげようとすればするほど、イヌのほうも飼い主を理解しようとしてくれます。それがやがて人とイヌとの深い「絆」となっていくのだと、これまでの私自身の飼育経験や、周辺のイヌとその飼い主達の姿から感じています。

残念ながら、人とイヌとの間に共通の「言語」はありませんが、飼い主がイヌの行動を注意深く見ていれば、私達はイヌ達と「会話」できます。必要なのは、「イヌの心に寄り添う気持ち」を持つことです。本書を読み終えた後、飼い主側が「あなた達はそういう気持ちでいつも過ごしていたのね！」と感じていただき、相互の信頼感がさらに深まることを願っています。

犬のしつけカウンセラー
中村多恵

――プロローグ――
つい言ってしまうイヌへのひとこと

『先手必勝!? 予知能力があるんですか?』

飼い主が台所に立ったらソワソワ、玄関にいったらワクワク。期待に満ちた目で「ごはんだ!」「散歩だ!」とスタンバイするその素早さには目を見張るものがあります。

『顔に穴があきそうです』

慌ただしい朝も、帰宅直後も、寝る前も。
とにかくいつでも大好きな飼い主の
視界の中にフレームインするのが生きがいのよう。

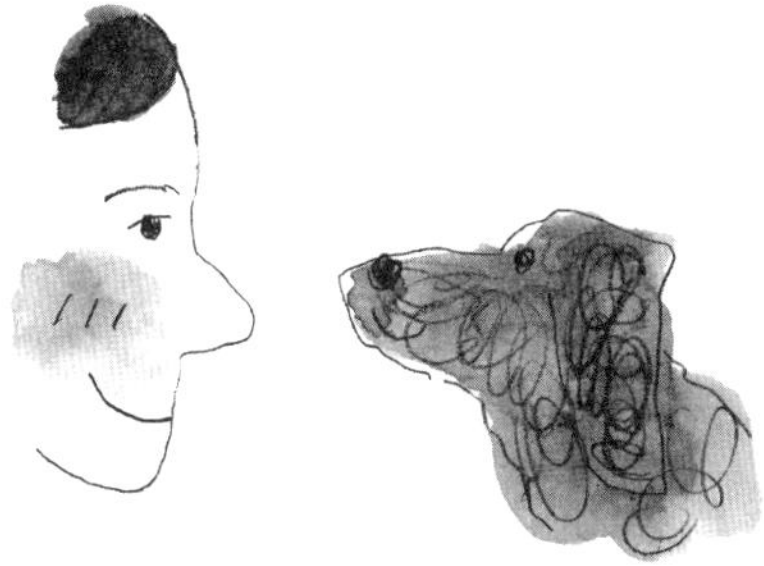

『体をくねらせるほど
なでられるのが好き？』

飼い主にお腹や首をなでてもらうと、
目を細めて体をくねくねくね。
お母さんといるみたいにホッと安心できるみたいです。
母イヌのように慕ってくれているかと思うと、
ますます愛おしく感じられます。

『うれしいからって頭に手をのせないで！』

毎日玄関でお出迎えしてくれる、
とあるイヌの話。
勢いよく飛びつきたいところを
グッと我慢してくれていたようで
靴をぬごうとしゃがんだら、
「待ってました」とばかりに
頭にお手をされたとか。

『必死に隠さなくてもそれは取らないよ』

おもちゃをあげると切ない声をあげて、
困った様子でウロウロ……。
宝隠しはいいけれど、隠した場所は忘れないでね。

『座ると結構丸いフォルムなんですね』

「おすわり」って人間のあぐらみたいなもの？
まるでおきあがりこぼしのような
丸みを帯びたフォルムを見ると、
思わずモフモフしたくなります。

もくじ

Part.2 君の日常生活にひとこと

ごはんタイム

散歩タイム

おやすみタイム

老犬の暮らし

Part. 1

君の罪な習慣に夢中

『真っ正面から見張られるとちょっぴり緊張します』

飼い主の表情や行動を読み取るのがイヌの生きがいなんです

部屋から部屋へと歩いてくる後をついてまわり、見上げるように顔を見つめ、目を合わせるとしっぽを振るイヌの姿は何とも言えない愛らしさです。イヌが飼い主の動向をじーっと見つめるのは、人間社会の「家庭」という群れの中で、「信頼でき、安心してついていける！」というリーダーの動きを絶えず意識しているからです。なにしろ、リーダーがいなければ、散歩はもちろん、ごはんももらうことができないのですから。鼻、耳、目、口の感覚をフル稼動させて、飼い主から出る「匂い」「声」「表情」などをチェックし、次に何が起こるかを期待して

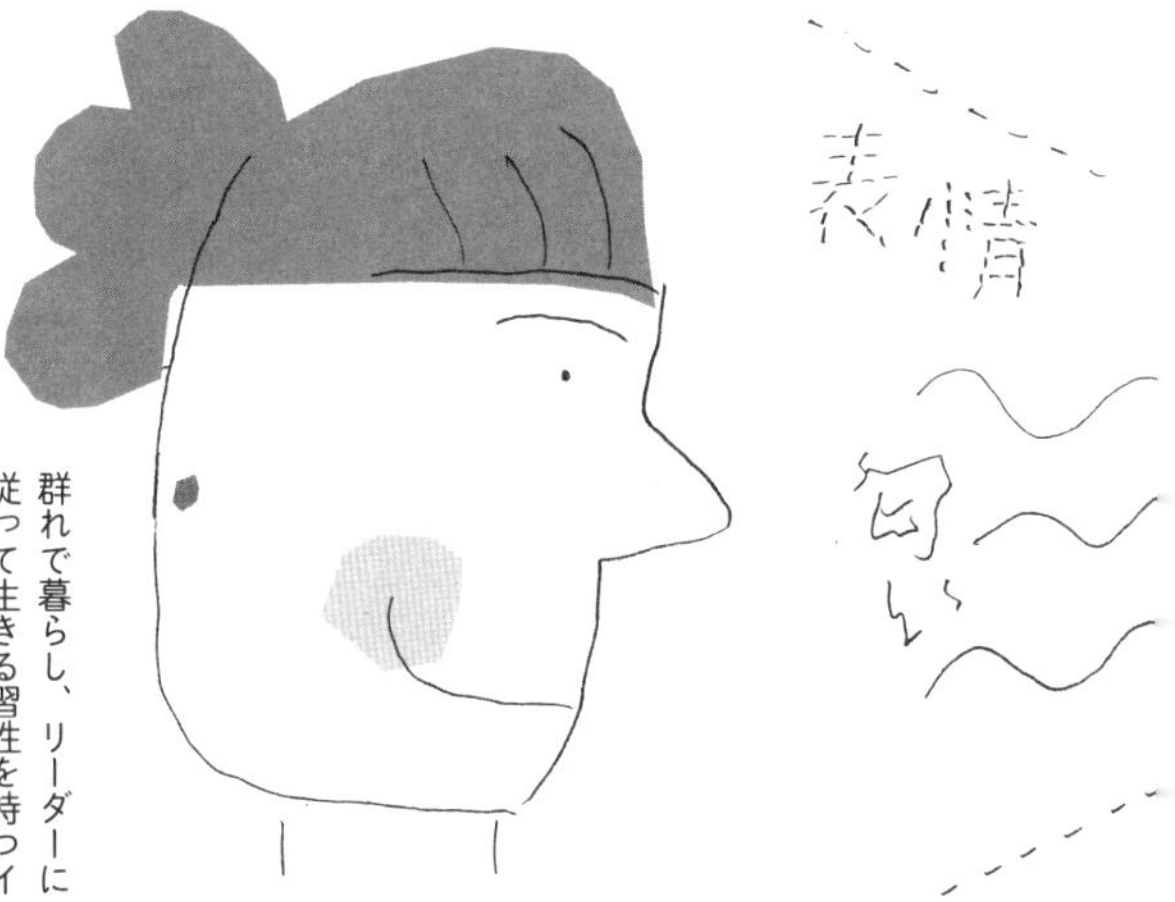

群れで暮らし、リーダーに従って生きる習性を持つイヌにとっては、飼い主がリーダー。いつも匂い、声、表情を読み取っています。

いるのです。また、上目遣いで見つめてくることもありますが、この場合は、「遊んで」「ごはんちょうだい」「散歩に行きたい」など、何かを訴えている可能性があります。

一方、道ばたでイヌを「かわいいな」と眺めていても、プイと目をそらされたことはありませんか？　しかし、「嫌われた？」という心配は無用です。これは、あなたを嫌いなわけでも、恥ずかしいわけでもありません。イヌが初めて会ったイヌと目を合わせることは、けんかを吹っかけるのと同じ。つまり、目を合わせないのは、「けんかをするつもりはないよ」という意思表示なのです。イヌをなでる際は、まず手の甲の匂いを嗅がせ、優しく声をかけながら首の下や横腹をなでましょう。

『君だけだよ　いつもお出迎えしてくれるのは』

だって、あなたの帰りをいつも心待ちにしていますから

飼い主が帰宅すると、イヌはしっぽをぶんぶん振って玄関までお出迎えしてくれます。イヌは飼い主に無償の愛と信頼を寄せてくれ、人間がイヌをかわいがる大きな理由もそのためだと言われます。イヌは去勢の有無に関わらず、成長してもいつまでも子どものままです。動物学者のテンプル・グランディン氏は、イヌはいつまでも幼い行動が消えない「幼形成熟」としています。親オオカミが巣を出て狩りに出かけ、獲得した獲物を子どものオオカミが食べます。イヌにとっては飼い主が親オオカミになるのでしょうか。イヌの飼い主への愛情は母を慕う気

イヌは成長しても、お母さんを待つ子どものように飼い主の帰りを待っています。家族の足音を判別して、今日も玄関までお出迎え。

持ちに近く、子どものように無邪気に接してくるのはこのためだと言われます。大好きなお母さんが帰宅すると、『おかえりなさい！』と喜んで出迎えくれる子どもと同じなのです。

また、イヌは「匂い」ですべてのことがらを判断していると言っていいほど、嗅覚の優れた動物です。飼い主の匂いを嗅ぎ、「どこに行ってたのかな？」とその日1日の行動をチェックしています。では、帰宅前に玄関で待っているのはなぜでしょう？　これは、イヌの聴覚が人間の約6倍、聞き取れる範囲が約4倍と言われるほど優れているためです。遠くから聞こえる飼い主のかすかな足音を感じ取り、玄関まで駆けつけてくれているのです。

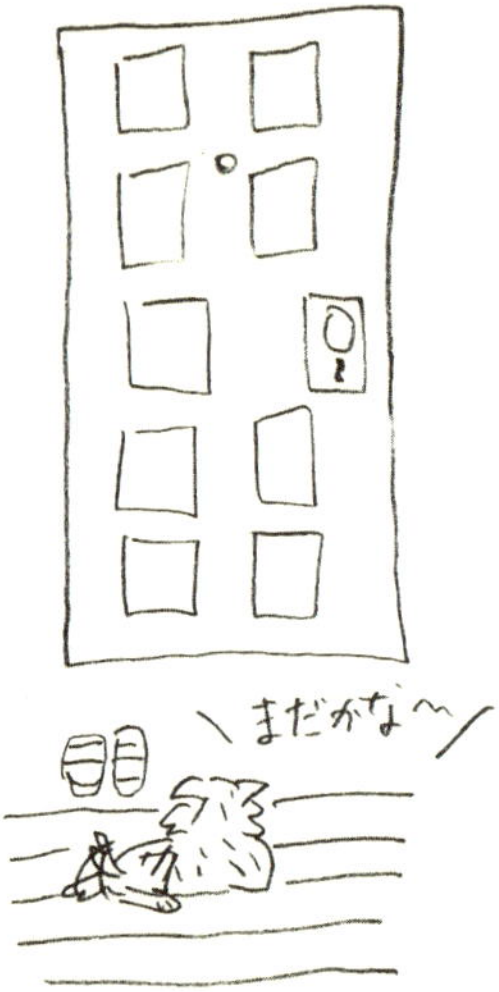

嬉し過ぎてついうっかり……悪気はないから、叱らないで

ところで、帰宅時にお出迎えしてくれたイヌが、喜びあまっておしっこをもらしたことはありませんか？　通称「うれしょん」とも呼ばれる行動ですが、仔犬期であれば特有の生理現象なので仕方がないことです。うれしょんは比較的小型犬や雌犬に多く、性格的にはとにかく人なつっこく、イヌ好きで、興奮しやすいタイプに多く見られます。うれしょんとは言いますが、嬉しいときだけでなく、興奮したり、極度な緊張や恐怖心があるときにも、瞬間的に括約筋《かつやくきん》が緩み、膀胱から自然におしっこが出てしまいます。おそらく、お出迎えでうれしょんをしてし

興奮すると瞬間的に括約筋（尿道口の筋肉）が緩み、膀胱から自然におしっこが出てしまうため、コントロールは不可能です。

まうイヌは、飼い主に「ただいま！　今日はいい子にしてた？」と声高く言われ、こねくりまわすようにしてなでられたり、抱き上げられたりすることで、興奮してしまうのでしょう。うれしょんを止めさせたければ、イヌがお出迎えしてくれても、いったんは「無視」し、落ち着いたら「静かにほめる」のを繰り返しましょう。おもらしをしたときに、驚いて声をあげるとさらにおもらしを繰り返し、叱りつけると「排泄は悪いこと」と思い込み、おしっこを我慢してしまいます。叱らずに、何をすればイヌにとってよいことがあるかを教えること。ここでは、落ち着けば飼い主になでてもらえることを学習させることが、最善のしつけと言えるでしょう。

『ソフトクリームをなめるすきさえ与えてくれない』

昼間っから熱烈なチュー？
ソフトクリームが欲しくて、
なめているだけです。

人間と同じで「大好き！」という愛情表現のひとつです

愛犬をなでたりほめたりしていると、口元をペロペロなめられたことはありませんか？　まるで、イヌも人間と同じようにキスで愛情を表現しているようで、「こんなにも自分のことが好きなんだ！」と嬉しく感じます。イヌが人間の顔や口元をなめてくるのは、イヌの先祖であるオオカミの名残だと言われます。母オオカミは自分が咀嚼した食べ物を吐き戻して子オオカミにごはんを与えます。子オオカミはこの吐き戻しのおねだりをするときに、母オオカミに甘えるように口元をなめるのです。また、自分よりも強いオオカミに服従の意思を表すときや、母オオカミに怒られてなだめるときにも相手の口元をなめます。この習性が残って、母親代わりである飼い主の口元をなめて、「ごはんをちょうだいよ」と催促したり、「大好き！」と甘えたり、「怒らないで」となだめたりしているのです。飼い主への好意や服従でやっていることなので、愛犬とのコミュニケーションとして喜んで受け入れてあげましょう。

しかし、イヌの約75％はパスツレラ菌という菌を口の中に保有しています。通常は人が感染しても症状はありませんが、乳幼児や免疫力が弱っているときには気管支炎などを発症することも。風邪を引いているときは避けたり、食器やスプーンの共有や、唾液が交わるような過度なスキンシップはしないほうがよいでしょう。

『あら全部丸見えですよ』

イヌが急所であるお腹を見せるのは安心しきっているから。「わたし、幸せだよ〜」というメッセージが聞こえてきそうです。

あられもない姿ですが飼い主への安心感の表れなんです

イヌがお腹を見せるように、仰向けになって寝そべることがあります。女の子の場合は特に「あられもない格好をして、はしたない……」と呆れなくもありませんが、びよーんと伸び切った胴長の姿は、妙にユーモラスで愛犬家にとってはたまらなくかわいらしく感じられます。

動物の下腹部は骨格（肋骨）で覆われておらず、他の部位に比べて毛も少ないので、最も無防備な部位です。また、仰向けになると丸見えになるのも、嚙みつかれたら致命傷になるため動物にとって最大の弱点。少しでも警戒心を持つ相手の前では、お腹を見せないものなのです。

そんな大切な場所を惜しげもなく披露してくれるのは、「あなたには逆らいません！」「あなたを１００％信頼しています！」という最大の意思表示です。つまり、お腹を見せるというのは、飼い主とイヌとの関係が良好で、イヌが安心しきっている証しなのではないでしょうか。そう思うと、より一層愛おしく感じられます。

しかし、イヌが服従のポーズをとりながら、「お腹をなでろ」と訴えていることもあります。人間よりイヌが優位になっている場合は、必要以上になで続けると嚙みつくこともあり、問題行動のひとつなので、きちんとしつけることが必要です。また、お腹を見せながらも視線をそらし、しっぽや耳に緊張が見られる場合は、自分より強い相手の前で「降参」を表しています。

『今日も見事なスウィングだね』

同じようにしっぽを振る場合でも、時に違う意味があるので、勘違いしないように注意が必要です。

しっぽはイヌのボディランゲージ 2つの意味があるんです

イヌは飼い主の姿を見ると、しっぽを振って駆け寄ってきます。たいていはイヌが喜んでいるからしっぽを振るということを、みなさんもよく知っているでしょう。「こんにちは！」とあいさつ程度のときは少しだけしっぽを揺らし、喜びが大きい程、ぶんぶん振ります。ちぎれそうなくらいの速さでしっぽを振りながら飛びつかれると、そのストレートな愛情にこちらも嬉しくなります。

イヌだけではなく、動物のしっぽは体のバランスを取る役割があります。また、イヌはしっぽを使って仲間とコミュニケーションをとっているので、しっぽの動きを観察すれば、イヌの心理状態がわかってきます。イヌのしっぽは、大切なカーミング・シグナル（イヌのボディランゲージ）のひとつなのです。

イヌがしっぽを激しく振っている場合、2つのことが考えられます。ひとつは、嬉し過ぎて興奮しているとき。飼い主や好きな人と久しぶりに会ったときに、このような行動をします。ときには、興奮し過ぎておしっこをもらすイヌもいます。ところが、まったく逆で、決して楽しい状況ではないときにもしっぽを激しく振ることがあります。それは、飼い主が強く叱ったり、大声を出したとき。これは「そんなに怒らないで！」と飼い主の気持ちを鎮めようとしています。状況に応じて判断しましょう。

"しっぽランゲージ"をおさらいしましょう!

正直なところ、イヌの心理状態をしっぽだけで判断することは難しいものです。イヌの様子を見ながら、基本的なしっぽの感情表現、"しっぽランゲージ"を確認しましょう。そのときの心理状態を知る場合は、しっぽを含めた体全体の様子や声など、総合的に見てイヌの気持ちを判断してください。

◎大きく横にぶーんぶん

自分より小さいイヌや仔犬がじゃれついてきたときなどに、「こいつ、しつこくて困ったやつ……」といった感じでしょうか。

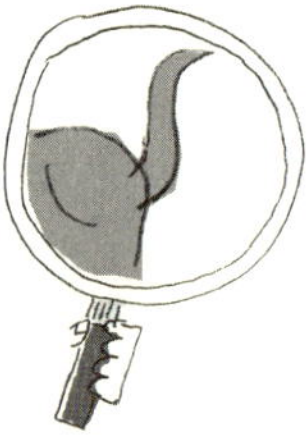

◎しっぽが上がる

威厳を見せ、やや強気な状態です。しっぽが高く、姿勢も真っすぐな場合は攻撃するか否か警戒しているサインです。

◎しっぽを上向きにし小刻みに振っている

興奮したり遊びに誘ったりするときは、やや高くしっぽを上げて振ることで、好意的なサインを示します。

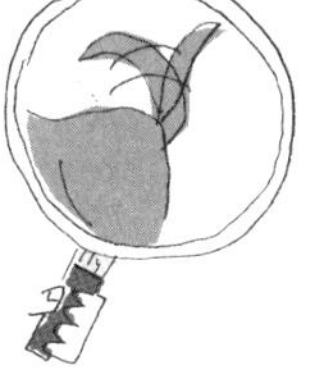

**◎しっぽを上向きにし
ゆっくり振っている**

緊張状態を表します。見知らぬイヌや人に対し、「こっちに来ないで！」と訴えているのかもしれません。

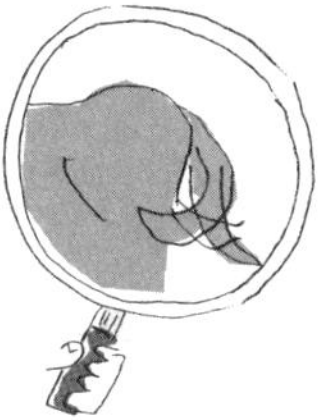

**◎しっぽを下げて
くねらすように振る**

しっぽが垂れ下がっているのは、穏やかな気持ちの表れ。くねらすように振るのは、甘えや服従のサイン。

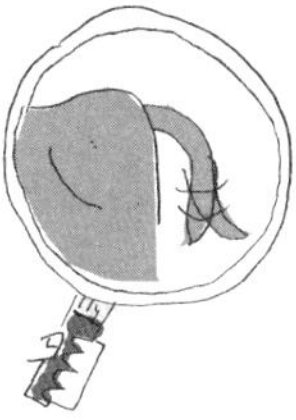

**◎しっぽを下げて
小刻みに振っている**

警戒、または「嬉しいけど、どうしよう?」といった困惑の気持ちでしょう。

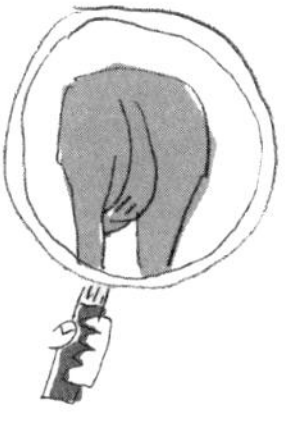

**◎しっぽを
後ろ足にはさんでいる**

相手に恐怖を感じ、「攻撃しないで」という服従のサインです。

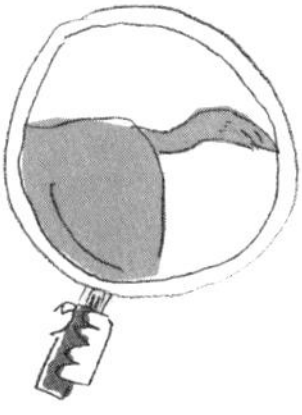

**◎しっぽが水平に
突き出されている**

どちらかというと穏やかな気分。「何か面白いことはないかな?」といった気持ちも含まれていそう。

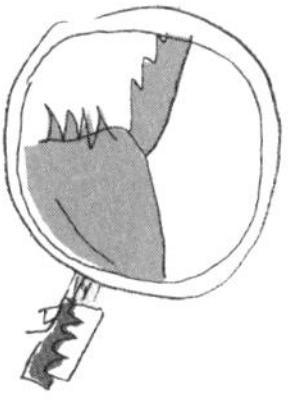

◎しっぽが逆立っている

明らかに攻撃のサインです。背中の毛も逆立っていれば確実です。

『今日も1日ついてまわる気ですね』

ご主人様と一緒にいるのが一番安心できるんです

「休みの日はいつもまとわりつかれて、困ってるよ」。恋人のことかと思って聞けばイヌだったという話もある程、飼い主が動けばついてまわるイヌは多いようです。後を追いかけてくる様子に、「うちの子は忠犬！」と自慢に思っている飼い主もいるのではないでしょうか。

そもそもイヌは絶えず仲間がそばにいる中で暮らしていたため、ひとりに慣れていません。また、家庭のリーダーである飼い主のそばは、最も安全な場所です。野生本来の習性が、家庭犬として人間社会で過ごすときにも残っているため、飼い主のそばにいるといつでも安心感を得られるのでしょう。もちろん、平日は留守番の時間が長いぶん、休日は絶えず一緒にいたいと思っているのもあるでしょう。

足元にまとわりついては手や鼻先で「ねえねえ」としたり、飼い主のひざにあごをのせたりする場合は、何かを催促しているか、「遊んで欲しい」「かまって欲しい」という関心を求める合図だと考えられます。遊んであげる時間が足りないのかもしれません。

イヌが片時も離れずに後をついてくるのは愛らしいものですが、度を超すと生活に支障をきたすこともあります。四六時中飼い主の後をついてくるイヌは、依存心が高すぎる可能性が。ときには無視をするなどして、きちんとしつけをして自立心を育てるようにしましょう。

どこでもついて来られると大変なことに。子育てと同じで過保護になり過ぎないのも大切です。

家族、夫婦でけんかをされると不安になるのでやめてください

夫婦や家族でけんかをしていると、愛犬がただならぬ空気を察知して、「けんかをやめて」というように、きゅんきゅんと鳴き始めたり、自分のおもちゃを持ってきたりします。

夫婦げんかとなると、イヌの目からは家庭内のナンバー1とナンバー2が争っているのと同じ。2人の庇護の元にいるイヌにとっては、とても不安なことだと言えるでしょう。

けんかが勃発すると、最初は「遊んでいるのかな？」と勘違いして、「自分も混ぜて」というようにおもちゃを持ってくることがあります。

「え！　何でこんなときに？」とけんかをして

『これでも君には遊んでいるように見える？』

夫婦で口論していると、イヌが健気におもちゃを持ってきて……。愛犬はただならぬ空気を察知することができるのです。

いる当人たちも思わず笑ってしまい、いつの間にかけんかが終わっていたという話はよく聞かれます。しかし、けんかに深刻さが帯びてくると、いつもと違う空気を感じ取り、イヌは不安を感じ始めます。戸惑いながら飼い主に近寄ってきて、まるで「仲裁」に入るかのように、きゅんきゅん鳴いて止めてくれるのです。イヌ同士でけんかが起こりそうなときも、第三者となるイヌが2匹の間に割って入り、やめさせようとするものです。

ただし、怒鳴り合ったり、物を投げ合ったり、けんかが激しくなってくると、イヌは怯えてその場から逃げ出します。このときイヌには強いストレスがかかるので、イヌを不安にさせないためにもけんかはほどほど、が一番です。

『なぐさめてくれるの？』

寂しいときは愛犬がそばにいてくれるだけで、なぐさめられるもの。イヌも飼い主のいつもと違う様子を心配します。

いつもご主人様を見ているから様子が違うことくらいわかります

落ち込んでいると、愛犬がそばに来て、心配そうに顔をのぞき込んだり、顔をペロペロとなめてくれたりします。イヌも人間の心がわかるのでしょうか？　人間の心がわかるというよりは、「飼い主の行動を見ている」と言ったほうが正しいかもしれません。

例えば、イヌが「平日と休日がわかっているのでは？」と思ったことはありませんか？　家族に働いている人がいれば、平日の朝、起床から出勤するまでの朝の身支度、イヌの世話の時間など朝の行動パターンが決まっているはずです。早めに食事を済ませて、手際よくイヌの世話をし、きちんとした服に着替えて玄関へ。遅刻しないように素早く行動していることでしょう。一方休日は、のんびり、ゆっくり。その様子を見れば、イヌは飼い主が家に長くいる日なのだと解釈します。このように、普段と違う飼い主の行動に、イヌはよく気づきます。

いつもに比べて「声」が沈んでいる、じっと座っている時間が長い、急に泣き出したなども同じ。明らかに普段と違う飼い主の行動を、イヌは敏感に察知しているのです。その結果、「どうしたの？」と飼い主のそばに寄り添い、顔をなめたりしてくるので、人間からすると「なぐさめてくれている」ように思えます。これはあくまでも「行動の変化」から人間の「心理状態」を読み取っていると考えられます。

イヌは同調性の高い動物。
家族が楽しそうであればイヌも楽しく、家族に元気がなければイヌも元気がなくなるのです。

家族の元気がないとイヌも元気がなくなります

家庭でいつも世話をしてくれている人の体調が悪いと、イヌが心配そうな目つきでのぞき込んできたり、そばを離れなかったという話はよく聞かれるもの。家族が大病を患うと、家庭内の雰囲気もどこか暗くなりがちです。愛犬はその空気を感じ取り、一緒にしょんぼりしてしまいます。イヌも立派な家族の一員であることを実感しますが、これもいつもと違う飼い主の様子を察知しているからで、心配しているかのように食事を取らなくなったり、ごはんを残しがちになるとも言われます。

１９９１年にカリフォルニア州を襲った大震災で、ヴァージニア・スミスという女性が飼っていた老犬が煙を吸って倒れた飼い主のそばを離れなかったという話もあります。ひどいやけどを負った彼女を恋しがり、老犬はその後ふさぎこんだとか。イヌの深い忠誠心がうかがえるエピソードです。

もちろん、飼い主の具合などは気にせずに過ごすイヌもいます。だからといって、決して冷たいイヌではないことは理解してあげましょう。人はイヌの元気な様子に癒されるものです。

また、がんに侵されている人を、イヌが「匂い」で認識しているということを研究され始めたことが、明らかになってきています。彼らは特に嗅覚と集中力に優れており、「がん探知犬」と呼ばれています。

『私の敵は君の敵？』

イヌは強い人に味方するのではなくいつでも「好きな人」の味方です

夫婦や家族でけんかをしていると、飼いイヌがどちらか一方の飼い主になついている場合は、その人を守ろうとして、吠えることがあります。オオカミは群れでけんかが起きると、強いほうに加担して弱いほうを攻撃します。野生の「弱肉強食」の世界です。しかし、イヌが飼い主のけんかに参戦する場合は、状況を見て強い人の味方につくことはありません。あくまでも「好きな人」の味方につきます。これは、野生のオオカミとの大きな違いで、裏切ることのないイヌの忠実さを物語っています。

作家・林芙美子さんの愛犬「ペット」の世話

イヌのほうが人間よりも観察力が優れていることも。飼い主に危害を加えないか、自分がご主人様を守っているつもりなのです。

係をしていた姪の福江さんも、「おばあさん（芙美子の母）とけんかをすると、ペットがおばあさんに飛びかかって助太刀をしてくれた」と話しており、おばあさんには「イヌまで味方につけて」と言われたと言います。ペットは普段からごはんをくれる福江さんのことを母親のように慕い、「僕が助けてあげなきゃ！」と使命感に燃えていたのかもしれません。

また、散歩の途中で飼い主がうまの合わない人物と遭遇すると、愛犬が吠えたり、唸ったりすることも。イヌは飼い主がいつもと違う様子であることを感じ取って、敵だと判断しているのかもしれません。逆に、リーダーである飼い主が受け入れている相手には、イヌもあまり警戒心を抱きません。

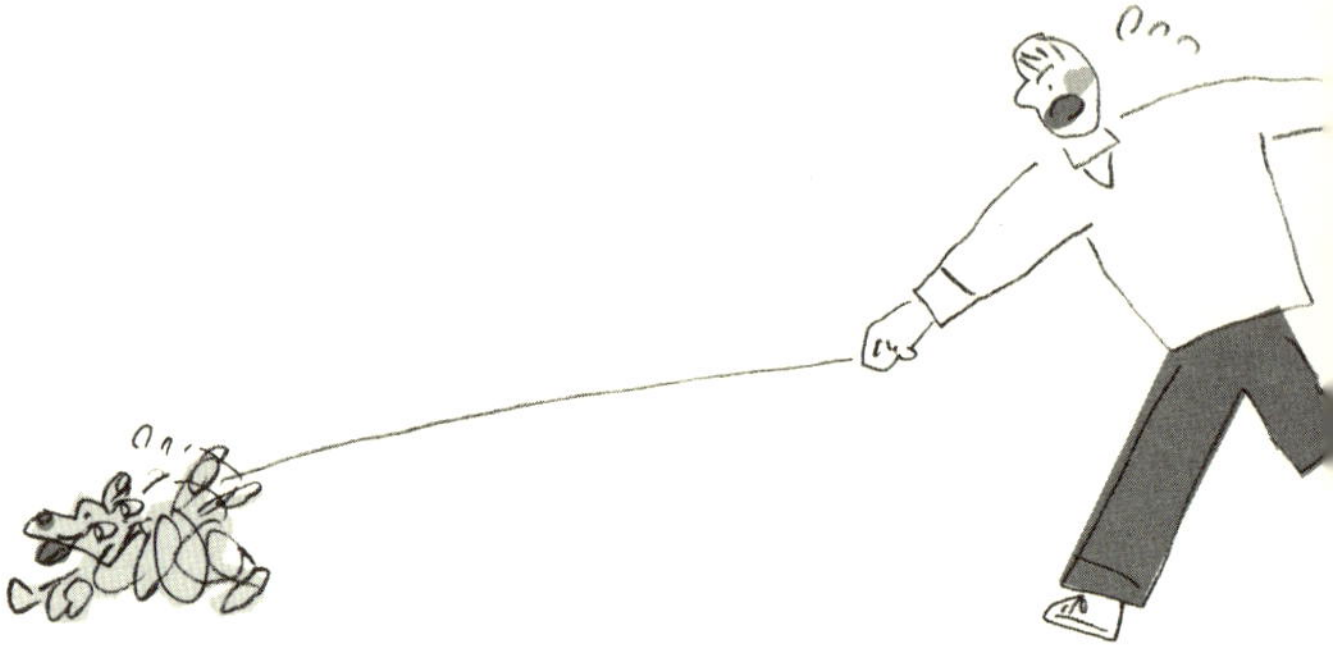

ご主人様を観察して予測
イヌの長年の勘は当たるんですよ

「おやつだよ」と言って袋のカサカサした音を立てると、イヌがしっぽをぶんぶん振って待っています。まるで人間の言葉がわかっているかのようですが、これはあくまでも言葉と行為を関連づけて記憶しているだけ。人間の言葉、おやつの意味がわかっているわけではありません。イヌが平日と休日の違いを区別しているという話でも述べましたが（31ページ）、イヌは観察力が鋭いため、飼い主の行動のクセや習慣を把握し、行動を予測することができるのです。

　例えば、毎朝玄関から新聞を取ってくるイヌの話をたまに耳にしますが、これも飼い主の行

散歩の途中に飼い主が立ち寄るお店があれば、イヌは覚えて先回り。決して、かわいこちゃんがお目当てではないはず、です。

動を観察し、言葉を関連づけて覚えた結果です。朝、飼い主が玄関先へと何かを取りに行き、それを広げて読んでいる。そんな毎朝の景色を観察し、「ご主人様は玄関先にある〝あれ〟が必要なんだ」と察知し、新聞をくわえて持ってくるというわけです。

毎朝、イヌの散歩に出かける男性の話にこんなことも。男性は散歩の途中に決まったベンチに座り、たばこを吸うのが日課だったそうです。すると、いつしか愛犬は率先してそのベンチの脇に行き、「ここで休むんでしょ」と言わんばかりにちょこんと座るようになったとか。イヌは飼い主のことが大好きで、本当によく観察しているのだと実感します。

『え、なになに？』

イヌはいつまで経っても子ども。いつも気にかけてもらいたいのです。輪に入りたくて、「こっちを向いてよ」と呼びかけています。

ねえねえ、こっち向いてください　遊んで欲しいんです

愛犬が前足を飼い主の肩にかけくるときがあります。まるで手で肩をたたいて「ねえねえ」と呼びかけているようで、思わず「どうしたの？」と聞き返してしまうでしょう。実際にこれはどういった意思表示なのでしょうか。

イヌ同士の場合は、相手のイヌの肩に前足を置くことは、「自分が上だぞ！」というサインだと言われています。人間にする場合も、一般的には自分が上に立とうとしていることを意味するため、してはいけない行動だという意見もあります。果たして、本当にそうなのでしょうか？　実際は、飼い主の関心を求めて「遊んで欲しい」「こっちを見て欲しい」といった意味合いのほうが強いように思われます。イヌの口がわずかに開いて緩んでいたり、目に緊張が見られなければ、飼い主への愛情表現と見てよいでしょう。

同様に、鼻先でつつく、飼い主のひざにあごをのせる、飼い主の足に前足をかけるといったことは、イヌが普段それほど見せない行動です。留守番の時間が長かったり、遊んであげる時間がなかったときにこのような行動をしていませんか？　おそらく、寂しくて「かまって欲しい」という合図でしょう。床にお尻をつけたまま、前足を上げて上下に動かしているときも、飼い主に遊びやおやつをおねだりしていると考えるほうが自然です。

『こっちに来いってこと？』

イヌが飼い主より優位であるような行動をしなければ、イヌなりに飼い主の様子を気にしながら散歩しているのです。

先に走っても大丈夫か
ご主人様の様子をうかがっています

イヌが散歩の途中に、先導を切って駆け出し、振り返っては待ち、振り返っては待ち……という仕草を見せることがあります。まるで、「こっち、こっち！」と言っているかのようで、飼い主の目には無邪気でかわいらしく映るものです。これは、散歩できることが嬉しくて心が躍っているのだと思われます。また、公園などで年老いた飼い主が元気なイヌと散歩をしていると、イヌが先に行っては飼い主を「大丈夫かな？」と待っている姿もよく見かけます。イヌは普段、限られた空間で生活しています。散歩は外の世界に触れられる唯一の時間ですから、無理もありません。振り返りながら、飼い主の様子をうかがっているのでしょう。走らずにいれば自然とイヌが歩調を合わせるようになりますが、イヌの元気があり余っている場合は、時々一緒に走って一体感を感じるとよいでしょう。

ただし、イヌが前に出てリードを引っ張るのは、行き先をイヌが決めていることを表しています。イヌからすると、飼い主を散歩させているつもりなのです。この状態が続くと、飼い主の言うことを聞かないわがままなイヌになってしまいます。イヌがリードを引っ張ったら立ち止まり、飼い主が歩かないと自分も先に行けないことを覚えさせましょう。自分の行きたい方向へ行くときは、立ち止まってから方向転換し、主導権が飼い主にあることを学習させます。

『君の名前って何だっけ？』

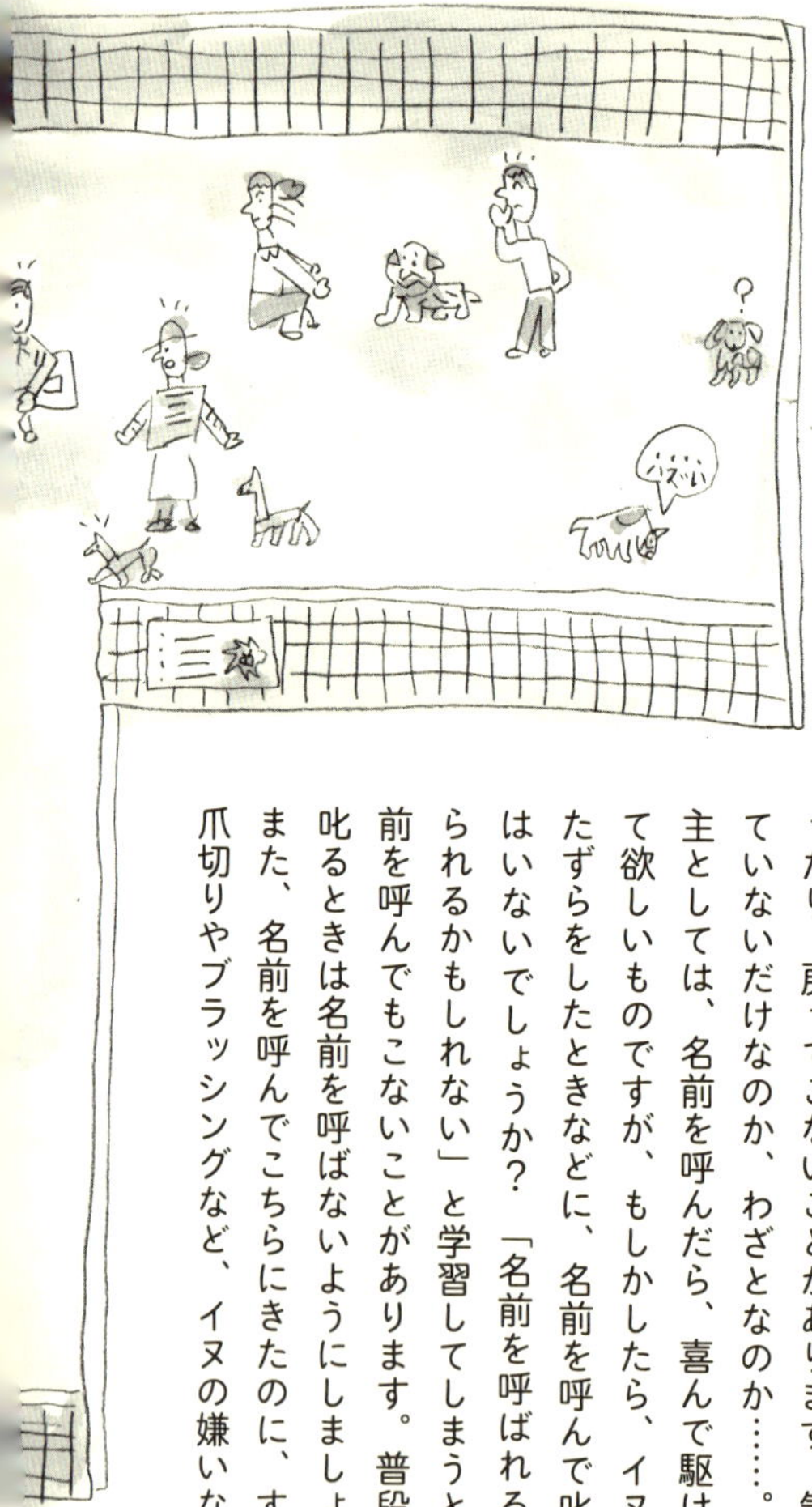

名前を呼ばれるといつも叱られるから無視のひとつもしたくなります

名前を呼んでいるのに、イヌが振り向かなかったり、戻ってこないことがあります。気づいていないだけなのか、わざとなのか……。飼い主としては、名前を呼んだら、喜んで駆けつけて欲しいものですが、もしかしたら、イヌがいたずらをしたときなどに、名前を呼んで叱ってはいないでしょうか？　「名前を呼ばれると叱られるかもしれない」と学習してしまうと、名前を呼んでもこないことがあります。普段から、叱るときは名前を呼ばないようにしましょう。

また、名前を呼んでこちらにきたのに、すぐに爪切りやブラッシングなど、イヌの嫌いなことをやるのもよくありません。逆に、一緒に遊ぶとき、散歩に行くとき、ごはんをあげるときなど、イヌにとって嬉しいことがあるときに、積極的に名前を呼びましょう。イヌが「名前を呼ばれたらいいことがある！」ということを学習すれば、呼び戻しも確実になります。

基本的にイヌは私たち人間のように、「嬉しい」「楽しい」「心地よい」と思うことは同じです。ということは、イヌが飼い主の言葉に従うには、「嬉しい」「楽しい」「心地よい」が伴っていればよいということ。そして、イヌにとって一番嬉しいことは、飼い主にかわいがってもらうこと。ほめてもらったり、なでてもらったり、抱っこしてもらったり。飼い主に愛されていることが実感できれば、幸せなのです。

名前を呼んでるのにイヌが無視するのには、必ず理由があります。名前を呼んでこちらにきたら、たっぷりほめてあげてください。

『首なんかかしげていつになく真剣だね』

人間の言葉を聞き取るようにいつでも全力投球ですから

某音楽メーカーのマークのように、イヌが不思議そうに首をかしげている姿は、「何だろう」と考え込んでいるようで愛らしいものです。こちらを向いて小首を傾けていると、「どうしたの？」と聞かれているようにも見えます。

実際、イヌが首をかしげる仕草は、「何だろう？」と思っているときによく見られます。飼い主がイヌに話しかけたときに首をかしげているのも同じことです。声が聞き取れていないわけではないのですが、何を言っているのかまではよくわかっていない状態なのです。そこで、よく聞こえるように、首をかしげて耳をレーダーのように動かして音源を探します。

　また、いつもは飼い主の指示を聞くことができるのに、日によってはそれができず、首をかしげるといった光景も目にします。これはイヌがおバカさんになったのではなく、飼い主の声のトーンが平坦すぎるために聞き取りづらく感じているのかもしれません。イヌに指示を出すときや何かをして欲しいときは、抑揚をつけて目的語の部分を高くするようにしてください。そうすると、イヌは飼い主が何を要求しているのか、何を話しているかがわかります。

　また、首をかしげると飼い主が「かわいい！」と喜んでくれるのを学習して、首をかしげるイヌもいるようです。「モテ」を追求する人間の女性の心理と似ているかもしれません。

愛犬が首をかしげているのは、音を聞き取ろうとしていることが多いようですが、実は首輪がきついだけだったりして!?

『ほ〜んと抱っこ好きなんだから』

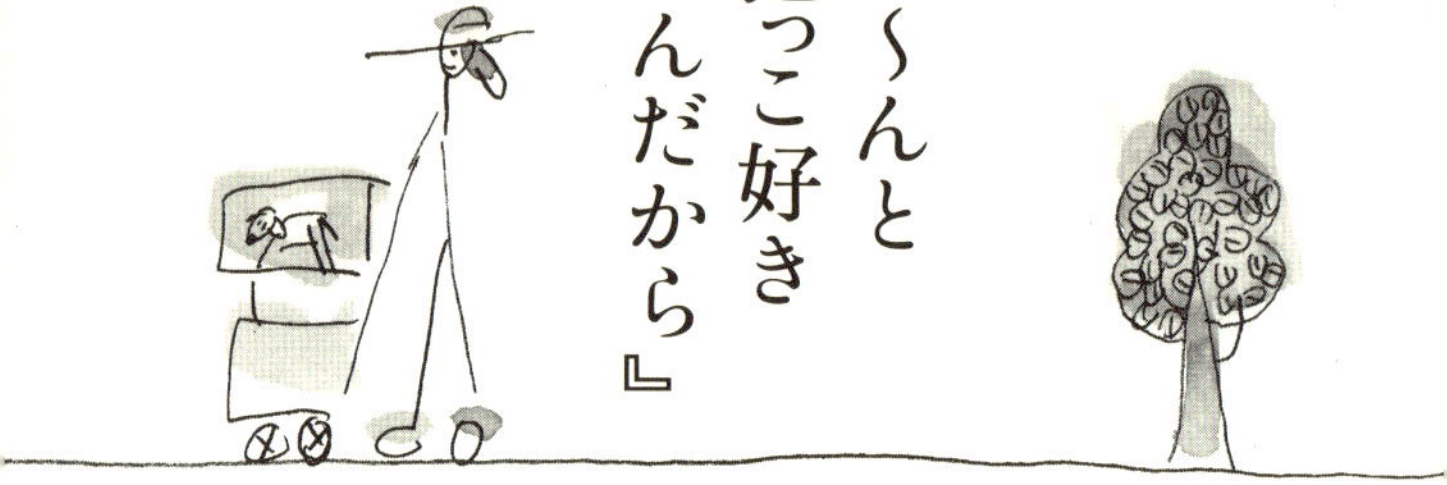

イヌの本能としては身動きがとれなくなるのは不安です

「イヌは飼い主に抱っこされたら喜ぶ!」と思い込んでいませんか? もちろん、抱っこが好きなイヌもいますが、抱っこされるのが苦手なイヌもいます。抱っこが嫌いというよりは、抱っこされることに慣れていないのです。

動物は、自分の体が自由に動かせない状態が苦手です。身動きがとれない状態に、イヌは恐怖や不安を覚えるのです。動きを押さえ込むように抱き上げたり、抱き方が不安定だと、「やだやだ」と暴れたり唸ったりすることもあります。小型犬は比較的抱っこに抵抗がないようですが、柴犬などの日本犬は抱っこが嫌いな子が

小型犬だからといってあまり抱っこばかりしていると、抱っこグセがついて歩くのを怖がるようになることも。

多いようです。

しかし、ブラッシングや爪切りなど、イヌの体を固定する必要がある場面もあります。狂犬病予防の注射も、体をしっかり支えて行うので、抱っこに慣れさせる必要はあります。

抱っこするときは、しゃがんで一方の手をわきの下に、もう一方の手で胴体やお尻を下から持ち上げましょう。両方の前脚を引っ張って抱き上げたり、むりやり抱っこしようとすると怖がるのでやめてください。

また、抱っこをした後に、体をぶるぶるさせるイヌも。特に病院が苦手なイヌは、診察後に行うことがあります。これはひとつのカーミング・シグナル（58ページ）で、緊張を解き、自分自身を落ち着かせようとしているのです。

『朝はもう少し寝かせてください』

作家・菊池寛さんはベッドまでイヌを上げていたとか。しかし、イヌと一緒に寝るのであれば、早朝に起こされることもあるのを忘れずに。

「そろそろ起きようよ」と朝早く起こしてしまうかもしれません

　起きた途端に飼い主の姿を探し、寝るときも飼い主のそばに。片時も離れないイヌに、慕われる喜びを感じることもあるでしょう。これは、群れ社会に生きるイヌの習性によるものです。「群れる」ということは絶えず仲間がそばにいるという意味で、リーダーのそばにいることで群れが守られていることを確認したり、リーダーの動向を観察したりしているのです。

　昔から、主従関係を明確にするために、飼い主とイヌは一緒に寝るべきではないという意見があります。現在はそうとは知りながらも寝ている飼い主は多いようですが、ある程度の覚悟は必要です。最も多い悩みは、イヌに朝早く吠えられて起こされること。イヌは「トイレに行きたい」「お腹が空いた」「そろそろ起きろよ」と飼い主に訴えていると考えられます。そして、数回イヌの願いを叶えてしまうと、早朝の楽しみに味をしめ、毎朝飼い主より先に起き、「散歩に連れて行け！」と催促し始めます。飼い主が眠かろうが疲れていようが、イヌには関係ありません。ただ、飼い主より早く起きれば「いいことが待っている」と学習してしまったが故に、「どれ、今朝も吠えてみるか！」ととりあえず吠えるのです。叱ってやめさせることは難しく、吠えられても無視する根気が必要です。これはイヌに「思いやりがない」のではなく、飼い主が無意識に習慣づけてしまった結果です。

『君のことは今呼んでないんだけど……』

それでモモがさ〜
オホホホホ…
るすばんのときね…

家族で愛犬の話で盛り上がっていると、「自分の話をしているな」とむっくり起き出してきたり。意外と噂話には敏感のようです。

同じグループなのに、仲間はずれにされるているようなものです

イヌを室内で飼うことが多くなった現代、イヌたちがとてもよく我々人間の行動を見ている、聞いているなぁと感じたことはありませんか？

夜、イヌも夕飯を終え、家族みんなの帰宅を確認し、安心した状態で熟睡しています。ところが、誰かが自分の失敗談を話して笑っているのを察知すると、突然起き出して、家族が談笑しているところに割って入って来た、という話はよく聞かれます。寝ていた幼児が大人の楽しそうな笑い声に起きてきた……といったところでしょう。

イヌは群れで暮らしてきた「社会動物」なので、仲間とのコミュニケーションを大事にします。自分が一番大切にしている家族という群れからはずされて、他のメンバーが楽しそうにしている「空気」を読むことに関しては、人間以上に秀でています。この場合は、笑い声など盛り上がっているときに出る「高い声」や自分の名前にも反応していると考えられます。聴力にすぐれたイヌのこと、「むむっ、楽しそうに自分のことを話しているな……」と気づいて、仲間に入れてもらおうとしたのです。

同じように、家に誰かがきて飼い主と話をしていると、「自分のことも忘れないで」というように2人の間に割り込んできます。吠えないのであれば問題はないですが、いたずらをする場合は無視をするのが一番です。

『もしかして仮病!?』

そうです。かまって欲しいときについやってしまうのです

　飼いイヌが足を引きずっているようだけど、見た目に傷はなし。病院で診てもらったけれど異常なし。痛がっていたと思ったら、数分後に元気に遊んでいる……。

　まさしく、このケースに当てはまるこんな話があります。親子のイヌを飼っている家で、娘イヌが出産したとき、飼い主は赤ちゃんたちにかかりきりになっていました。そんなとき母イヌの散歩に出たら、突然足を引きずり出したのです。それまでは元気で、足にけがをした覚えもないので、獣医さんで念入りに診てもらいましたが、異常なし。何と、仮病だったのです。

1匹で飼っていた期間が長く、それまで飼い主にべったりだった母イヌは、飼い主との絆が深かったためにやきもちを焼いたのでしょう。ただし、飼い主や家族がいない場面ではこのような行動はとらないので、その場合は外傷がなくても、病院で診てもらいましょう。

このほかにも、仕事が忙しいとき、恋人や新しい家族ができたときなど、イヌに関心が向かなくなると、飼い主の興味を引きたい一心で、イヌは「仮病」という行動に出ます。過去にけがをしたときに心配してもらったことを記憶して、同じように接してもらおうと望んでいるのです。仮病が発覚しても叱ったりせずに、イヌにもっと関心を向けて、安心させてあげてください。

イヌもけがや病気のふりをするなんて。寂しさからの行動なので、気づいても怒らないであげてください。

『もしかして気づいてない!?』

イヌだって、勘違いのひとつくらいすることだってありますよ

イヌが玄関の音を聞きつけて、「これはお父さんだ！」とダッシュして来たら、宅配便のお兄さんだった。そんなとき、「間違えてないよ」といった風情で首をかいたりしている様子は、何とも滑稽でかわいらしいものです。庭でイヌを飼っていた女性の話では、イヌと遊ぼうと裏から庭に行ったときにその足音で不審者と間違えられ、わんわん吠えられたとか。しかし、家族が姿を現すと、「何だ、あんただったの〜？」とちょっとバツが悪そうに、でもごまかすように喜んでいたと言います。

また、夢中で遊んでいて、テーブルの上の食べ物を落としたり、障子を破ってしまったりと、思いがけない粗相をしてしまった場合にも、飼い主の顔色をうかがってご機嫌をとることがあります。上目遣いで甘えたり、すぐにお腹を見せて降参の意思表示をしたり、すすんで「お手」や「ふせ」をしてごまかしたりします。一見、イヌが粗相を自覚して反省しているように見えますが、そうではありません。「悪いこと」とは飼い主が決めることで、イヌは飼い主のその時の行動で判断しているだけで、悪いことだとわからない場合もあります。大きな声を出して赤い顔をしている、いつもと違う態度や行動から、「なんか怒っているみたいだから、とりあえずご機嫌でもとっておこうか」と思っているだけのようです。

イヌのちょっとしたドジや慌てっぷりも、飼い主の気持ちを和ませてくれるもの。でもいたずらはほどほどに……。

『留守番は嫌い？』

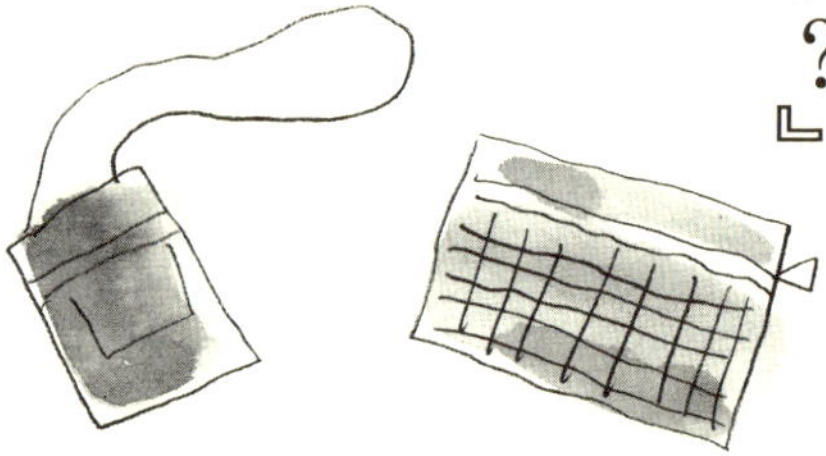

基本的に集団行動が好きなので
ひとりぼっちは苦手なんです

　イヌと生活をしていると、必ず「留守番」をしてもらうことになります。1泊程度ならお水とごはんを用意して、留守番してもらう飼い主も多いでしょう。イヌにとって、留守番は不安を伴うものです。元来、仲間と一緒に生活する動物なので、ひとりぼっちが苦手なのです。特に飼い主とべったり暮らしている室内犬は、飼い主が見えなくなっただけで不安を覚えることも。人間という群れ社会で生きているイヌにとって、群れのリーダーがいない状態は、自分の平穏な世界が崩れてしまうことを意味します。

　留守番をさせられる、つまりひとりぼっちに

させられると、イヌは仲間（人間）を求めて吠えたり、家の中をぐちゃぐちゃにすることがあります。留守番で退屈し、他に何かすることがなく、刺激を求めて身近にある物を破壊するのです。室外犬の場合は、穴を掘るという行動に出ます。また、ごはんを用意しても全然食べない子もいます。あるお宅のイヌは、多めのごはんを用意すると「留守番だな！」と勘づき、食べないようになったそうです。イヌの留守番には慣れがあり、平均8時間くらいは平気と言われますが、基本的には短い方がベストです。買い物程度の短い留守番であれば、普段からひとりの時間を増やしたり、おもちゃやおやつを用意することで慣れさせることができるとも言われています。

イヌだってひとりで留守番は寂しいのです。少々暴れるのはご愛嬌。帰宅したら、たっぷり愛情を注いであげましょう。

イヌのカーミング・シグナルについて

カーミング・シグナルとは、イヌのボディランゲージのひとつです。相手のイヌに対して「落ち着いて」、自分に対して「落ち着こう」という気持ちを表しています。

◎匂いを嗅いでばかりで進まない

嗅覚動物と言われるイヌは「匂い嗅ぎ」により、あらゆる情報を得ます。例えば、地面の匂いを嗅ぎ、「最近、新顔が来たな。注意しよう」といった情報を得ています。

見知らぬイヌに多少興味があるものの知らない振りをして地面の匂いを嗅いでいるのは、「こちらは別に敵意を抱いていませんよ」というメッセージです。

人間にも同じようなメッセージを送っています。飼い主がイヌの名前を呼んでもすぐにこないことにいら立っていると、イヌは地面の匂いを嗅ぎながら戻ります。飼い主へ「落ち着きなよ」と伝えているのです。散歩中に急かす飼い主へも、同様の行動をします。

◎叱られているのにあくび!?

飼い主に叱られた、嫌いな病院に行った、見知らぬイヌと出会ったなど、明らかに眠気からではない場面で、あくびをすることが。これはイヌ自身が自分を落ち着かせるため、もしくは相手を落ち着かせようとしています。

◎舌を出して鼻をなめる

飼い主に叱られた、見知らぬイヌが自分のほうへやってきた、といった緊張状態の場合にこのような行動をします。

◎体を横向きにする

相手が人間だけ、あるいはイヌで1匹だけの場合は相手が興奮しているのを落ち着いて下さい、といった意味があります。

◎体をかく

緊張したり、落ち着かないときに見られます。ひとつのストレス発散で、自分自身を落ち着かせようとしているのです。ちなみに、人間が落ち着かないとき、緊張しているときに髪の毛をかくのも、自分自身を落ち着かせようとしているのです。

犬種別
萌えポイント

もっと知りたい犬種のこと

ENTRY No. 1

ネコ並みにマイペース

チワワ

□小型犬　□2.7kg以下　□メキシコ

原産国のメキシコでは「神のイヌ」とも呼ばれる、くりくりした目が愛らしいチワワ。世界で最も小さい犬種で、日本の住宅事情でも飼いやすく、人気です。

無邪気で遊び好きな性格で、意外と勝ち気な面も。飼い主に甘えたかと思えば素っ気なくふるまうなど、ネコのようにマイペースなので、ひとりの留守番もへっちゃらです。

ただし、ちょっとした段差でもケガや骨折をすることがあるので注意が必要。また、成長しても頭蓋骨が融合しない傾向があるので、頭部への衝撃も避けましょう。毛質にはふさふさしたロングとつやのあるスムースがあり、ともに寒さには弱いので、冬場は人間と同じ環境で育てましょう。

ENTRY No. 2

ヘアスタイルも楽しめる
トイ・プードル

□小型犬　□3kg　□フランス

スタンダード・プードルを小型化したミニチュア・プードルをさらに小型化したトイ・プードル。18世紀のフランスで誕生し、19世紀のナポレオン第二帝政時代にアクセサリー感覚で愛された「抱きイヌ」として人気を集めました。顔や足、しっぽの毛を短く刈り、足先としっぽをまるく残したおなじみのスタイルは、もともと水辺の狩猟犬として作業しやすくカットしたもの。冷たい水から心臓や関節を守るために毛を残していたのです。現在はその必要はないため、好きなヘアスタイルを楽しむことができます。抜け毛がほとんどないので、掃除も楽です。

　性格は狩猟犬の名残りで、運動や遊びが大好き。飼い主に忠実で穏やかなので、初心者でも飼いやすいでしょう。

ENTRY No. 3

すばしっこい細面

ミニチュア・ダックスフンド

□小型犬　□4.8kg以下　□ドイツ

ドイツ語で「ダックス」はアナグマ、「フント」はイヌを意味し、土の中に穴を掘って棲んでいたアナグマの狩猟用に改良した犬種です。胴長短足を生かして巣に入り込み、獲物を捕まえて、外に出す仕事をしていました。それをウサギなどの小動物の狩りを目的に、小型化したのがミニチュア・ダックスフンドです。

群れをなして狩猟していたため、イヌ同士で仲良くするのが得意。狩猟犬に共通する特徴でよく吠えるので、飼い主のしつけが重要です。活発で運動が好きですが、階段の昇り降りやジャンプは腰に負担がかかるので避けましょう。

毛質によって性格が異なり、ロングは比較的気が強く、スムースとワイヤーはおとなしい性格と言われます。

ENTRY No. 4

愛嬌たっぷりのファニーフェイス

パグ

□小型犬　□6.3〜8.1kg　□中国

ラテン語の「パグナス（握りこぶし）」が語源と言われるパグは、つぶれた鼻、ギョロリと飛び出した目、垂れた耳が特徴で、その名の通り握りこぶしのようにも見えます。紀元前400年以前から存在が確認されており、中国の王室で愛玩犬としてかわいがられ、東インド会社との交易でオランダに渡り、ヨーロッパ貴族の間で大人気に。イギリスの王室でも飼われていたと言われ、そのファニーフェイスに癒されていたのでしょう。

攻撃的になることはなく、飼い主に非常に忠実ですが、嫉妬心が強く、頑固な一面もあります。鼻がつぶれているため気道が狭く、苦しそうに呼吸し、睡眠時は大きないびきをかきます。寒さや暑さに弱いので気をつけましょう。

ENTRY No. 5

好奇心旺盛で元気いっぱい
ポメラニアン

□小型犬　□1.5～3kg　□ドイツ

ほわほわした毛並みの小型犬ですが、ルーツはアイスランドなどでそりを引いていたサエモドという大型スピッツの一種。ドイツに渡り牧羊犬として活躍し、ヴィクトリア女王が寵愛したことで人気を集め、徐々に小型化されてヨーロッパ中で愛好されました。ポメラニアンはドイツとポーランドにまたがる地域名で、ドイツでは今でも「小型スピッツ」と呼ばれることもあるそうです。

じっとしていることがないくらい元気いっぱいで、好奇心旺盛です。飼い主にも従順ですが、小型犬に共通する神経質な一面も。気が強く、不審な物音や人間によく吠えるので、無駄吠えしないようにしつけが大切です。また、歯が弱いのでメンテナンスに気をつけましょう。

ENTRY No. 6

中国の神聖な宮廷犬

シー・ズー

□小型犬　□8kg以下　□中国

つぶれぎみの鼻、大きな目、ひげのような顔の被毛が愛らしいシー・ズー。17世紀初めのチベットで神聖なイヌとして扱われ、その後中国に渡り最も神聖な動物「獅子《シーズー》」の呼び名が用いられました。

性格は活発な面と穏やかな面の両方を併せ持っており、家族を深く愛します。小柄ながらタフで頑丈な一方、暑さには弱いので注意。

たいてい被毛は短くカットされますが、本来の長い被毛を保つととても上品に見えます。毛玉ができやすいので毎日のブラッシングはもちろん、毛を少しずつわけてペーパーで包み、輪ゴムでとめるといった「ラッピング」で毛を保護する必要が。顔にかかる被毛は目に入らないように、ちょんまげに結ってあげましょう。

ENTRY No. 7

体いっぱいで自己アピール！
ヨークシャー・テリア

□小型犬　□3kg以内　□イギリス

19世紀中期、イギリスのヨーク州の工業地帯で、炭坑や織物工場を荒らすネズミの捕獲のために改良した猟犬で、ルーツははっきりせず、テリア系の小型犬などから誕生しました。織物職人により交配されたためか、「絹糸状の長い被毛は織り機で作られた」と言われましたが、今では短くカットするのが一般的です。

美しい風貌に反して、性格はエネルギッシュ。いつも忙しそうに動き回っています。知らないイヌや動物に対して攻撃的になり、吠えることもありますが、本人は一生懸命番犬として働いているつもりなので温かく見守ってあげましょう。甘えん坊で寂しがりやの一面もあるため、長時間の留守番がストレスとなり、体調を崩すこともあります。

ENTRY No. 8

理想的な家庭犬

キャバリア・キング・チャールズ・スパニエル

□小型犬　□体重5〜8kg　□イギリス

大きな垂れ耳がかわいいキャバリアは、小型のスパニエル系だけを選んでかけ合わせて誕生しました。15世紀後半のイギリスのチューダー王朝時代は「癒しのスパニエル」と呼ばれ、湯たんぽ代わりになっていたそう。18世紀にはチャールズ2世が国務をおろそかにするほど夢中になったことから、彼の名前を取って命名され、イギリスで人気のある犬種です。

性格はとても優しく、外交的でトレーニングもしやすく、知らない人や子ども、他のペットとも上手くやっていけます。

垂れ耳なので定期的な耳そうじの必要があります。また、心臓疾患の発症率が高いので、日頃から体重コントロールと運動に気をつけつつ、定期検診を心がけましょう。

ENTRY No. 9

ぷりぷりおしりの優秀な番犬

ウェルシュ・コーギー・ペンブローク

□小型犬　□10〜12kg　□イギリス

イギリスのウェールズ地域で牧畜犬として活躍していたコーギー。大きな耳がぴんと立った顔はちょっとキツネに似ていますが、胴長短足でしっぽが短く、おしりをふりふりして歩く姿はどこかユーモラスです。しっぽがないタイプは、牛の群れにしっぽを踏まれないように断尾《だんび》していたためで、本来はキツネのようなしっぽ。現在、断尾は動物愛護の観点から見直されています。

　人間が大好きで穏やか。飼い主にも従順です。状況判断に優れ、物覚えがよいのも特徴で、独立心があり、長時間の留守番も得意です。縄張り意識が強いので番犬としても優秀と言えます。ただし、よく食べるので肥満になりやすく、適度な食事と運動のバランスが大切です。

ENTRY No. 10

サムライ気質の賢い忠犬
柴犬

□小型犬　□9〜14kg　□日本

くるりと巻いたしっぽが凛々しい柴犬は、日本を代表する小型犬で世界でも人気が高い犬種です。紀元前300年頃に山岳地帯で狩猟犬として飼われていたと言われており、小型犬ながら中型犬並みの体力を持ち、きびきびとした軽快な身のこなしが特徴です。

マタギと2人で過ごすことが多かったせいか、主人に従順で忠誠心が深い一方、他人にはなかなかなつかないこともあります。また、独立心や警戒心が強いので、飼い主でも体に触られるのを嫌がります。縄張り意識が強くよく吠えるので、番犬にも向いています。

仔犬の頃に飼い主以外の人間や他のイヌと触れ合う機会を増やし、社会性を養うとよいでしょう。

ENTRY No. 11

癒し系のユーモラスな風貌

フレンチ・ブルドッグ

□小型犬　□10～13kg　□フランス

19世紀のイギリスで大人気だった、牛と闘う鼻ぺちゃで垂れ耳のブルドッグ。その特色を受け継いだ小型犬がフランスに持ち込まれ、テリアと交雑が行われた結果、穏やかな性格のフレンチ・ブルドッグが生まれました。コウモリが羽を広げた形に似ている「バット・イア」と呼ばれる耳、ひしゃげた鼻、頭から肩にかけたしわ、愛嬌のある表情や仕草でパリの女性に人気を博します。

物静かで思慮深い一方、遊んだり、飼い主を喜ばせたりするのも大好き。人あたりもよく、誰とでも仲良くなれ、吠えることもほとんどありません。

パグと同様に鼻が短いため、ぜいぜいと息をしたり、いびきをかいたり、よだれをよく垂らしたりします。

ENTRY No. 12

猟犬としての本能がきらり
ビーグル

□小型犬　□18～27kg　□イギリス

ビーグルのルーツは紀元前に、ギリシアでウサギ狩りに協力していた「ハウンド」と言われ、14世紀のイギリスで、ビーグルタイプのイヌが野ウサギ狩りの猟犬として活躍しました。16世紀頃フランス語で「小さい」を意味する「ビーグル」から名づけられたと言われています。

ビーグルが家庭犬として人気になったのは、アメリカの漫画『ピーナッツ』のキャラクター「スヌーピー」がきっかけ。吠えながら獲物を追いつめる能力の名残りがあり、無駄吠えをしないようにしつける必要があります。穏やかな反面、独立心が強く単独行動をしてしまうことも。また、とても食いしん坊で、散歩中も「何かおいしいものはないか？」といつも探しているので、拾い食いに注意を。

ENTRY No. 13

従順で忠実な名犬
ラブラドール・レトリーバー

□大型犬　□25～34kg　□イギリス

レトリーバーの中でも盲導犬として有名なラブラドール。毛色はイエロー、ブラック、チョコレートの三種類があり、ゴールデンに比べるとやや小さめです。とても穏やかで、どんな命令でも真面目に取り組むため、訓練次第で名犬になれる可能性を秘めています。性格はとても優しく、平和主義者。飼い主を喜ばせることが大好きです。しかし、幼いときはやんちゃで甘えん坊！　しっかりしつければ、２歳を過ぎた頃から突然落ち着いた成犬に変身します。

　ルーツは19世紀初頭のカナダのニューファンドランド島ラブラドル州。海岸での獲物の回収のほか、漁網の浮きを探し出す手伝いをしていたため、今でも泳ぐのが好きな子が多いようです。

ENTRY No. 14

優しさがにじみ出るおっとりさん
ゴールデン・レトリーバー

□大型犬　□24～44kg　□イギリス

大型犬の中でもおとなしくて飼いやすいのが、人間が狩猟した獲物を回収するために活躍したレトリーバーです。「レトリーブ（回収する）」にちなんで名づけられ、垂れ耳と優しい表情が特徴です。

中でも人気のあるゴールデンは、名前が示す通り、金色に似た光沢のあるクリーム色の毛並みが特徴。人間が大好きで、誰にでも友好的です。天性の服従性を持ち、飼い主の喜ぶことをするのが好きなので、指示されれば率先して実行します。陽気で明るく、怒られてもすぐに忘れて遊び回ります。

とても体力があり運動が好きなので、毎日朝・夕の散歩は欠かせません。また、水で遊ぶことも大好きで、飼い主の制止を聞かずに水に飛び込むこともあります。

Part.

2

君の日常生活にひとこと

『〝ごはん〟って犬語なの？』

「ごはん」を準備する様子から「ごはん」がもらえると予測してます！

「ごはんだよー」と呼ぶと喜んでしっぽを振り、かけ寄ってくる。そんな愛犬の仕草を見ると、「人間の言葉がわかるんだ」と、思わず嬉しくなってしまうことでしょう。しかし前述した通り、残念ながら、イヌが人間の言葉を真の意味で理解しているわけではありません。言葉の意味がわかるというより、「ごはん」という言葉に伴う飼い主の行動を見て判断しているのです。

例えば、「ごはん」の時間になると今まで座っていた飼い主が台所に行き、フードの袋を開けたり、器をがしゃがしゃします。その様子を見て、イヌは「ごはんの時間だ！」と認識します。

そこへ、飼い主から「ごはんよー」と聞き、明確に「ごはんだ！」と判断しているのです。また、イヌは様子を観察しているだけでなく、そのとき聞こえる音にも反応しているので、フードの袋を開けるカサカサとした音を聞くだけでも、「ごはん！」と反応する子もいます。よく似た音を聞くと、「ごはん！」と勘違いすることもあり、それがまたイヌの愛らしいところでもあります。

　また、「ごはん」と言わずとも、先回りして待つイヌもいるかもしれません。これは、「ごはん」のタイミングを飼い主の雰囲気や行動から予測し「たぶん、ごはんがもらえる」と判断しているためです。

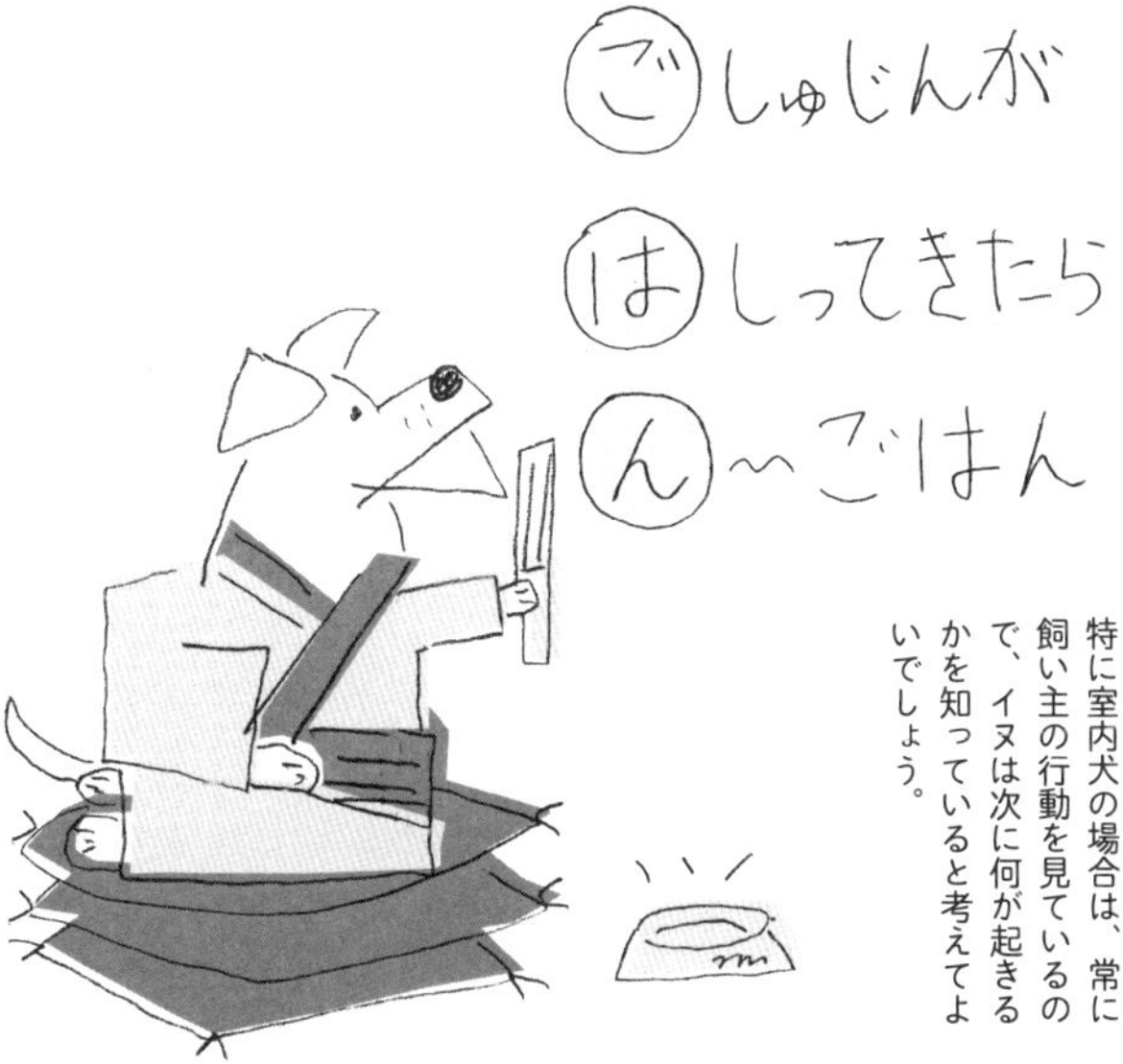

特に室内犬の場合は、常に飼い主の行動を見ているので、イヌは次に何が起きるかを知っていると考えてよいでしょう。

クンクン匂いを嗅いで食べられる物かを確認してます

イヌにごはんやおやつをあげるとき、慣れ親しんだものであればそのまま勢いよく食べ始めますが、初めて食べる物に対してはクンクンと匂いを嗅いでから食べ始めます。何か変なものが入っていないか確かめているように見えますが、ある意味その通り「何なのか」を確認しているのです。

「眼福」という言葉があるように、人間は「視覚動物」と言われています。よく「目で味わう」と言われますが、目の前の食事がおいしそうに見えれば食べてみるという行動を取ります。逆に、盛りつけが汚い食事を見ると、食欲を失う

『毒なんか盛ってませんけど』

こともあるほどです。一方、イヌは「嗅覚動物」なので、まずは「匂い」を嗅ぐことから始めます。イヌにとって匂いを嗅ぐことは、人間が目で見て、「これは食べられる物か」を判断していると考えてよいでしょう。しかしよく考えると、人間も一見して何かわからない食べ物に関しては、匂いを嗅いで「食べられそうか」を確認することがあります。

「匂いを嗅がなくても、見ればわかるだろう」と思うかもしれませんが、イヌの目のレンズは分厚く、ピントを合わせる筋肉が発達していないため、ほとんどのイヌは近視です。近くでも、70㎝以内にある物についてはぼやけて見えるようです。ただし、人間に比べて視野は広く、暗闇や動く物を見る視力は優れています。

疑われているようですが、食べても大丈夫かを確認するのは動物の本能かもしれません。

『そんなに慌てなくても取らないから』

「食べられるときに食べろ！」野生時代の名残りなんです

イヌは先祖であるオオカミから受け継いだ行動を家庭犬となった現代でも表すことがあります。オオカミの場合、群れで狩りをし、それが成功して食事にありつけます。そのため、毎日ごはんが食べられるなんてことはありません。たまたま仕留めた獲物を食する時、オオカミたちは一気に食べてしまいます。次の獲物を口にするまで「胃」に貯蔵しておくことができたからです。イヌには食べ物を胃に貯めておくことはできませんが、「食べられるときに食べておこう」とまとめ喰いの習性が残りました。人間側からすると、「もっと味わったら？」と思えますが、とにかく丸呑みであろうがなんであろうが、食べておくことが先のようです。

　また、イヌがごはんを食べているときに近づいたり、手を伸ばしたりすると、食べながらも背中の毛を逆立てて「ウーッ」と唸られることがあります。これも群れで食事をしていた野生の名残りで、他のメンバーから自分の分を守ろうと警告の唸り声を発します。これはイヌの行動としては自然な行動なのですが、家庭犬として飼う場合は決してよい行動ではありません。できれば仔犬期からイヌの食事に近寄り、「決してあなたの食事は取らないよ」「安心してね」と優しく声をかけて慣れさせておくことがベストです。しかし、既に食事時に近寄ると唸る場合は、無理に近寄らないほうがよいでしょう。

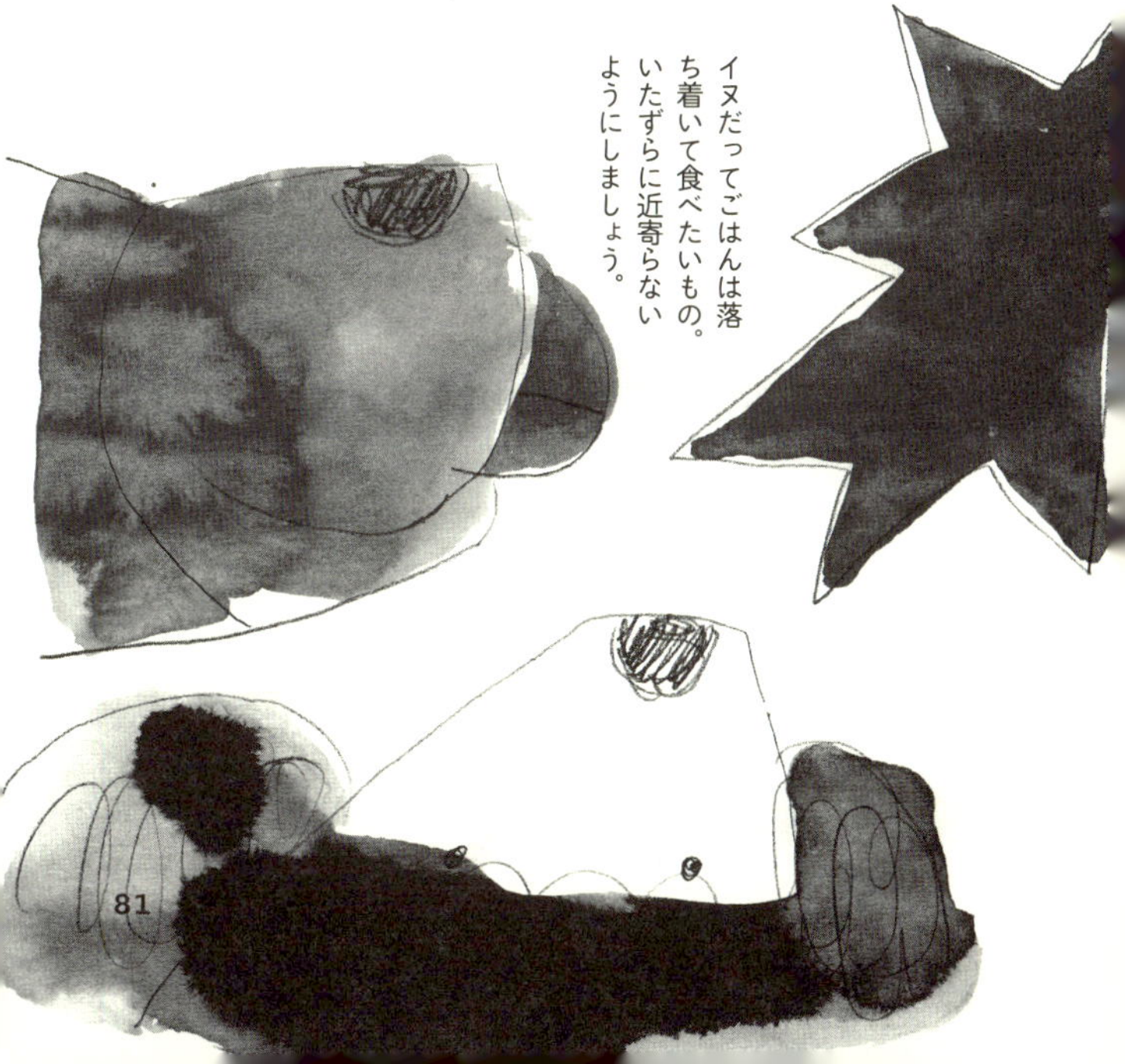

イヌだってごはんは落ち着いて食べたいもの。いたずらに近寄らないようにしましょう。

『突然まわり出したらびっくりします』

高ぶった気持ちを落ち着かせようとしています

イヌはごはんを食べ終えた後、猛スピードでぐるぐる動きまわることがあります。比較的若いイヌに見られる行動です。ごはんを食べて気持ちが高ぶっているのを落ち着かせようとしているのだと考えられます。食後に限らず、ごはんや散歩の前、飼い主が帰宅したときなど、気持ちが高ぶってしまうときに、自ら興奮を抑えようとして、ぐるぐる回ってしまうのです。例えば、電車が通ると興奮してぐるぐる回るイヌもいるようです。

ただし、イヌの健康を考えると、食後は興奮させないようにして静かにさせておく、すぐに散歩に行かない、といったことが大事です。特に大型犬の場合は、食事の後にすぐに運動させると胃拡張から胃捻転を起こす場合があります。人間と同じで、イヌも食べてすぐの散歩や運動は控えるべきでしょう。

イヌがぐるぐる回るのは、必ずしも喜んでいるとは限りません。不満やストレスが溜まっている場合も、それを解消しようとしてぐるぐるまわることがあります。

ちなみにしっぽを追いかけてぐるぐるまわるのは、ヒマつぶしの場合もありますが、環境などへの不満から来るストレス回避であることが多いようです。また、しっぽのつけ根や背中、肛門周辺への不快感が原因であることもあるので、チェックするとよいでしょう。

老犬が首をかしげながらくるくるまわるのは、三半規管の炎症や痴呆によるものとされています。

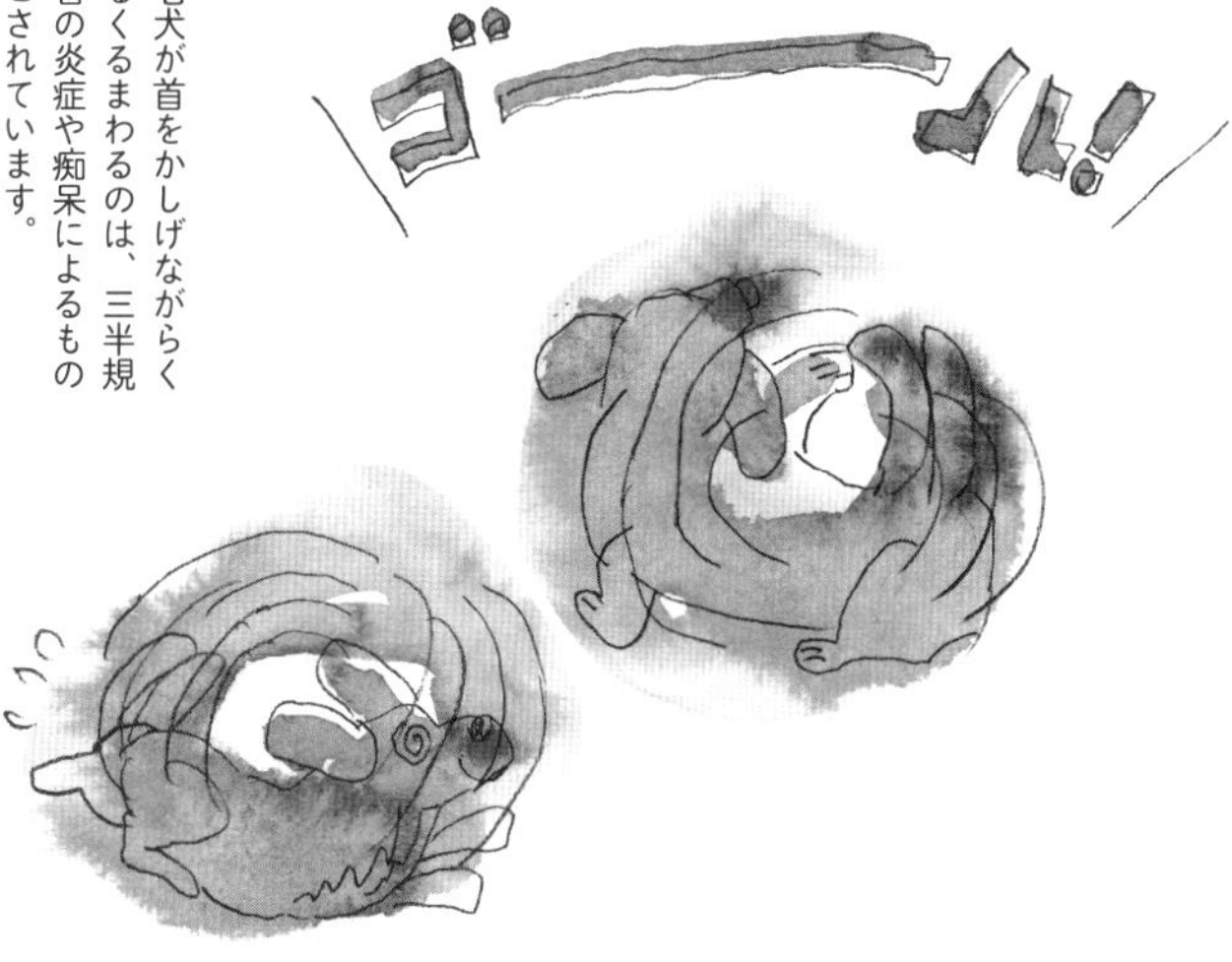

『今日はそのくらいにしておいたほうがいいと思うよ』

でも今日はたくさん走ったからもっとごはんが欲しいんです

食事が終わったから、器を下げようとするとイヌに吠えられることがあります。「もう食べ終わっているのに？」と不思議ですが、実はこれ、イヌが食事の量に満足していないため、「もっとちょうだい！」と言っている可能性があります。また、きれいに食べ終わって何も残っていないのに、いつまでも器を舐めているのも同じことが言えます。

たいていの飼い主は、イヌの食事にドッグフードを与えるのが一般的だと思います。与えるフードの量は月齢や犬種によりさまざまですが、ほとんどの飼い主はパッケージの表示を目安に

イヌの体重管理は飼い主の責任です。毎日の運動量に合わせて、ごはんの量を加減しましょう。

して与えていることでしょう。しかし、ときにはイヌが肥満気味になったり、痩せ気味になったりすることがあるのです。その場合例えば、1歳の若いイヌが外出して、飼い主が「いつもより運動したな」と感じたら、フードの量をいつもより少し増やしてあげます。逆に、何日も雨が続き外に出ていなければ、カロリーオーバーになるので少し量を減らすといったさじ加減を、飼い主がする必要があります。表示通りにフードを与えるのではなく、日々のイヌの運動量や食べたおやつを考慮してフードの管理を行い、トータルでイヌの標準体重を維持してあげましょう。ただし、成長期の仔犬の場合は、パッケージの表示通りでかまいません。

COLUMN 1
これってうちだけ?

イヌの食べ物選り好み

庭のプランターでミニトマトを育てていた、とある家の話です。赤く熟して食べ頃だったので収穫しようとしたら、赤いトマトは全部なくなり、熟してない青いトマトだけが残っていました。「犯人は誰だろう?」と不思議に思っていたら、その家で飼っていたイヌのうんちから赤いトマトが……。その後、飼い主がイヌを庭に出して様子を見ると、真っ先にそのプランターに行き、赤く熟したミニトマトをばくばく食べていたとか。

このように、イヌは肉食のように思われていますが、必ずしも肉が大好きというわけではありません。野菜も好み、雑食に近いと考えられます。基本的に飼い主が人間の食べ物を与えると、ほとんどのイヌは何でも食べてしまいます。

CASE-1

水の飲み方がワイルド！

水を周囲に飛び散らしながら水を飲むイヌがいます。特にラブラドールなどに見られますが、水が入っている器の中で「ぶくぶく遊び」をしているのでしょう。

CASE-2

晩酌にお付き合い

酒のつまみで食べていた「焼き鳥」をイヌにあげた結果、晩酌するたびにご主人のそばにべったりして、おねだりするように。

CASE-3

マヨラー犬！

使い終わったマヨネーズの容器をイヌに与えたところ、搾りきれないマヨネーズをきれいに舐めていたとか。与え過ぎると、健康によくないので注意！

『そうだね
散歩の時間だね』

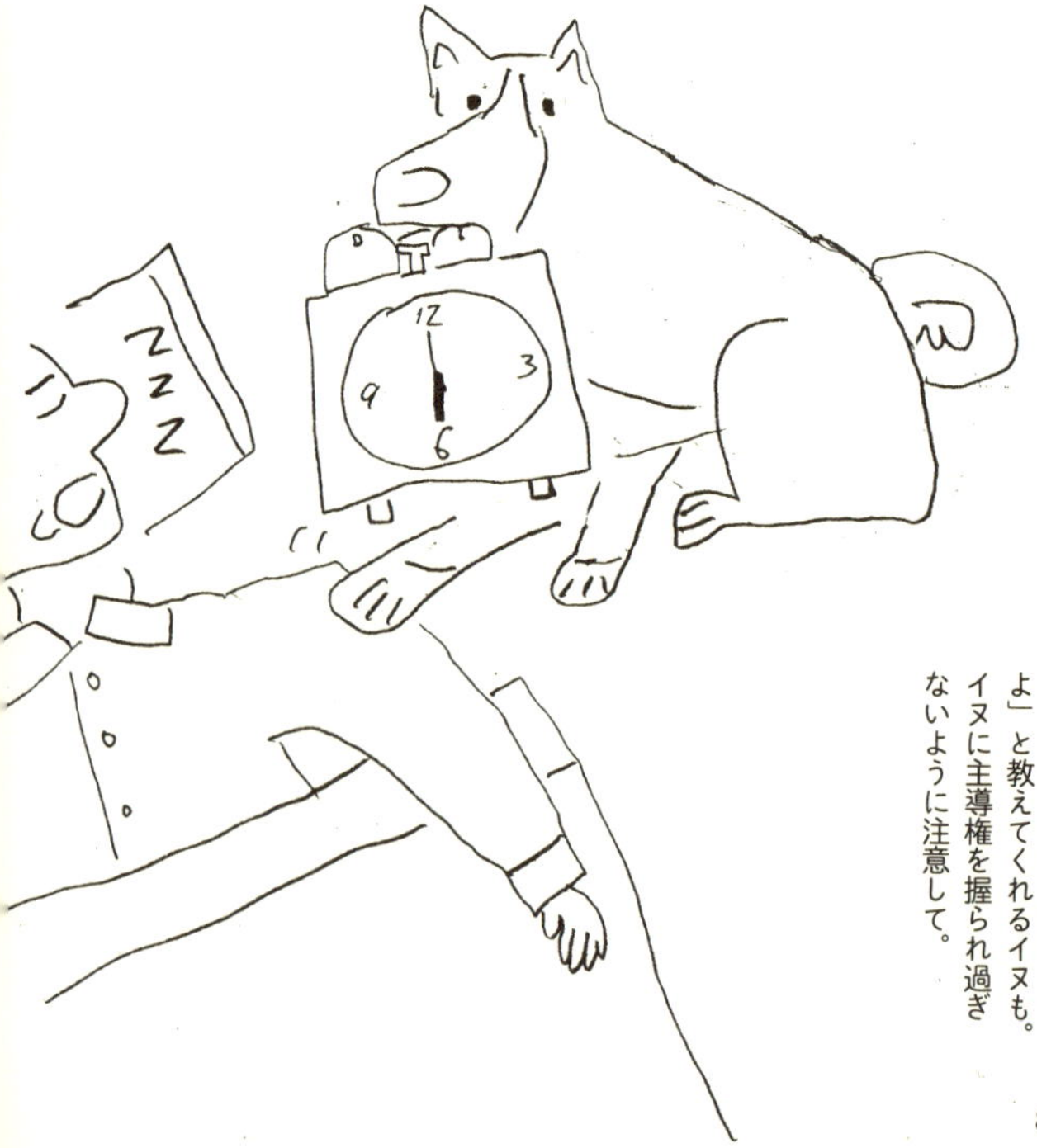

「そろそろ散歩の時間ですよ」と教えてくれるイヌも。イヌに主導権を握られ過ぎないように注意して。

散歩はイヌにとって生きがいです
時間には正確なんですよ

散歩はイヌにとって楽しみのひとつで、狩りに行く野生の習性が残っているとも言われます。できる限り、毎日行ってあげる必要があります。お散歩に行こうと飼い主がよっこらしょと立ち上がると、愛犬が思いっきりしっぽを振って玄関で待ち構えていたり、散歩用のリードを口にくわえて待っていることがあります。また、うっかり散歩を忘れていると、「忘れていませんか?」とでも言うように、前足で「ねえねえ」と催促することも。「どうしてわかるの?」と嬉しくなる瞬間でもあります。

イヌは毎日のタイムスケジュールをよく覚えています。飼い主がどんなことをしたら散歩に行くのかを把握しているイヌは、時間になると「散歩だ!」と認識して玄関で待ち構えているのです。ただし、散歩の時間を正確に決め込むと、時間が少し遅れただけで不満に思うようになり、イヌにストレスがかかります。散歩の時間は愛犬に指図されない程度に、ルーズにしておきましょう。家族がいる場合は持ちまわりで散歩すると、イヌも先読みがしづらくなり、便利なこともあります。また、雨の日や忙しいとき、体調が悪いときなど、散歩に行けない日のために、ベランダや庭などに排泄する場所を作り、散歩以外でも排泄ができるようにしつけておくのも大切です。散歩がお互いのストレスにならないようにしましょう。

『逆立ちまでしてしたいの？』

より高いところに自分の匂いを残そうと、がんばっています！

散歩の途中におしっこをする前、電柱や街灯、街路樹のにおいをクンクンと念入りに嗅いでおしっこを少量かけます。これは「マーキング」と言って、排尿とは別の意味があります。マーキングは、イヌが自分の地位や縄張りを主張するために、自分の匂いを残す行動です。

通常、雄イヌは片足をひょいっと上げておしっこをします。これは先に排尿した雄イヌより高い位置におしっこの匂いを残すための行動です。ところが、時折、片足を上げるどころか、逆立ちになっておしっこをする雄イヌを見かけます。比較的、小型犬、中型犬に多いようです

が、できる限り「匂い」が残る確率を高くするために、大型犬の高さに負けないようにとがんばっているのです。そう思うと、ちょっといじらしい姿です。稀に、うんちもこの格好でしてしまう子もいるようですが、負けず嫌いの性格なのかもしれません。

今では縄張りの誇示は言うまでもなく、自分の「匂い」を分散させて、「ここは、ぼくが先に来たよ！」とほかのイヌに知らせて、コミュニケーションをはかっていると考えるほうが自然です。イヌはマーキングの匂いで、イヌの種類や性別も判断していると言います。

マーキングするのは雄イヌだけではありません。発情期の雌イヌも、発情を雄イヌに知らせるために行います。

より高いところにおしっこをかけて、縄張りを誇示したり、ほかのイヌとコミュニケーションをとっています。

女だって縄張り意識はあるし発情もするんです

雄イヌに関しては、片足を高く上げて、場所やモノに自分の「匂い」をつけて、自分の存在と縄張りを示すことが多いことを述べましたが、雌イヌは通常、慎ましやかにかがんでおしっこをします。

雌イヌでも稀に、片足を上げて排尿する子もいますが、縄張り意識が強い「男まさり」な女の子と言えます。その逆で、かがんでおしっこをする雄イヌもいます。この場合、「気が弱い」男の子と言えます。実際に、去勢手術をするとテストステロンと呼ばれる男性ホルモンが減少し、マーキングが大幅に減少すると言われます。

『うちの子ったら発情期なのかしら……』

また、雄イヌでも仔犬の場合はかがんでおしっこをするので、マーキングに男性ホルモンが関わっているのはほぼ確実です。

　また、雌イヌが片足を上げておしっこするのは、縄張りに固執しているのではなく、発情を知らせていることもあります。この場合、「男まさり」というよりは、「積極的な女の子！」と言えるでしょう。とは言え、飼い主としては「子どもだと思っていたのに……」と少しショックではあります。それとは別で、ただ単に自分の体におしっこをつけたくないから、足を上げる子もいるようです。ちょっとしか足を上げない子は、この「きれい好き」にあてはまるかもしれません。おしっこひとつで、イヌの性格傾向がわかるのは、おもしろいものです。

雌イヌでも片足を上げておしっこをする子もいます。おしっこのスタイルから愛犬の性格がわかるかもしれません。

『もうこれで10回目のおしっこですよ』

「おしっこは出ていないのに……」と呆れることなかれ。偽しっこにこそ、イヌのプライドがかかっています。

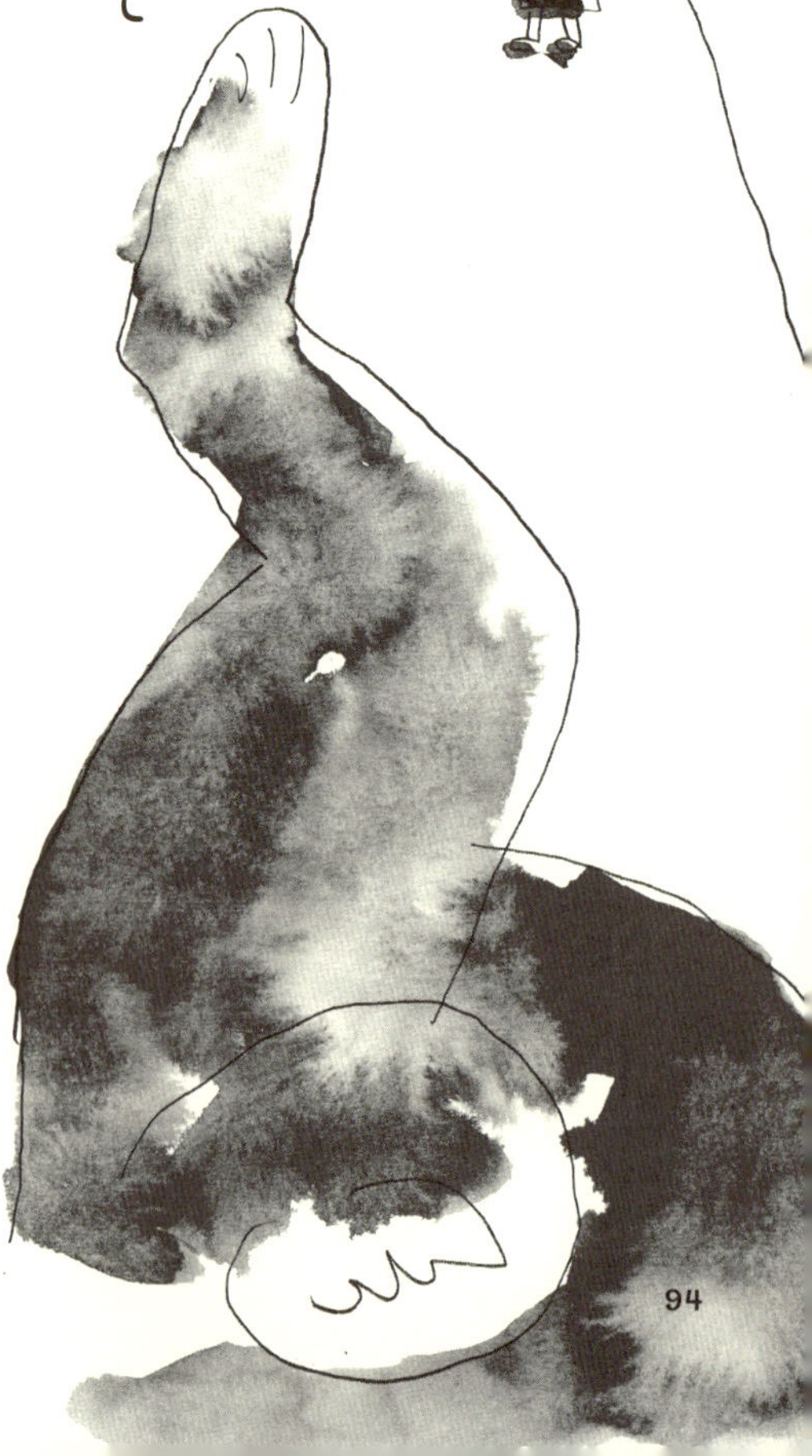

最後の1滴まで出し切ることがイヌのプライドなんです

イヌは本来きれい好きなので、なるべく散歩のときにうんちやおしっこを済ませようとします。そのため、散歩の時間までに、うんちやおしっこをためにためているイヌも少なくありません。飼い主は、愛犬が散歩中に呆れるほどおしっこをしているのを見るでしょう。イヌは少しずつ尿を出すことができるため、頻繁にマーキングできます。そして、イヌのおしっこは人間でいう「会話」なので、その姿を見て「会話を楽しんでいる」と思えば、愛らしいものです。

ところが、「さすがにもう出ないだろう！」と思っている矢先に、しぼり出すかのようにして片足を上げるイヌの姿を目にしたことがあると思います。ときには、おしっこを既に出し切ってしまった後で、よく見ると「偽しっこ」だったり……。しかし、その必死過ぎるポーズには、飼い主も「もう出てないよ」と言いづらい雰囲気があります。

これは、おしっこがまだ膀胱にたまっていないのに、先走って足を上げたわけではありません。縄張りを意識して繰り返しマーキングし、地域のイヌたちに自分を誇示したいが故の行動なのです。人間から見ると滑稽なのですが、最後の1滴も惜しまずにおしっこを出し切ることが、特に雄イヌにとっては大きな自信になるようです。「もう出ていないおしっこ」に、そんなせめぎ合いがあるとは驚きです。

ゆっくりしたいからこそ安全を確認しています

「一番無防備な瞬間ってどんなとき?」

イヌでも人間でも答えは同じ。やはり「うんち」をしているときです。イヌは、うんちをする前にぐるぐる回ることがあります。これは、うんちをするときに、周囲の環境が「安全安心」であるか確認することがイヌにとって大切だからです。人間でも旅先や他人の家だと、緊張感からくストレスのせいか便秘になってしまう人もいます。うんちというのは、けっこうナーヴァスな問題なのです。

イヌの場合は特に、安全な場所を選ぶことが重要です。なぜなら、うんちの姿勢は、イヌの

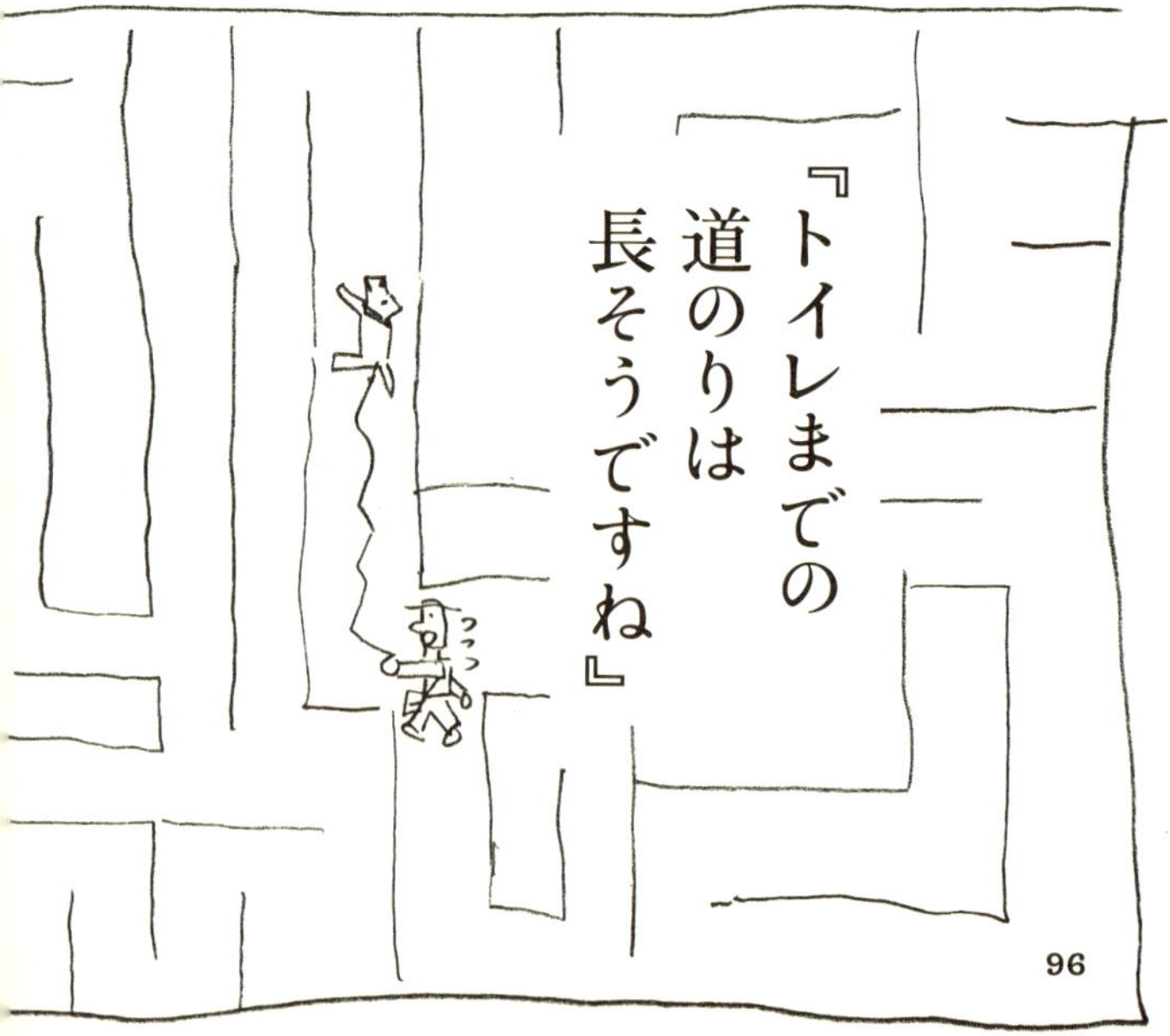

急所であるお尻をさらけ出さなくてはいけません。その体勢で敵に襲われてしまったら……。そんな不安を解消しようと、イヌはぐるぐる回ったり、においを嗅いだりして、周囲の安全を確認しているのです。

　また、おしっこと同じで、マーキングの役割を果たすため、「ここぞ」ということころが見つかるまで、クンクンにおいを嗅いでいるイヌもいます。ただし、この行動は若いイヌほど多く見られるようです。高齢犬になると、さほど回ることもなく「うんちを出したい！」と思ったら、すぐに出してしまうようです。人間同様、年齢を重ねるごとに大胆になるのでしょうか。家から一歩出た瞬間に、もよおす高齢犬もいるようです。

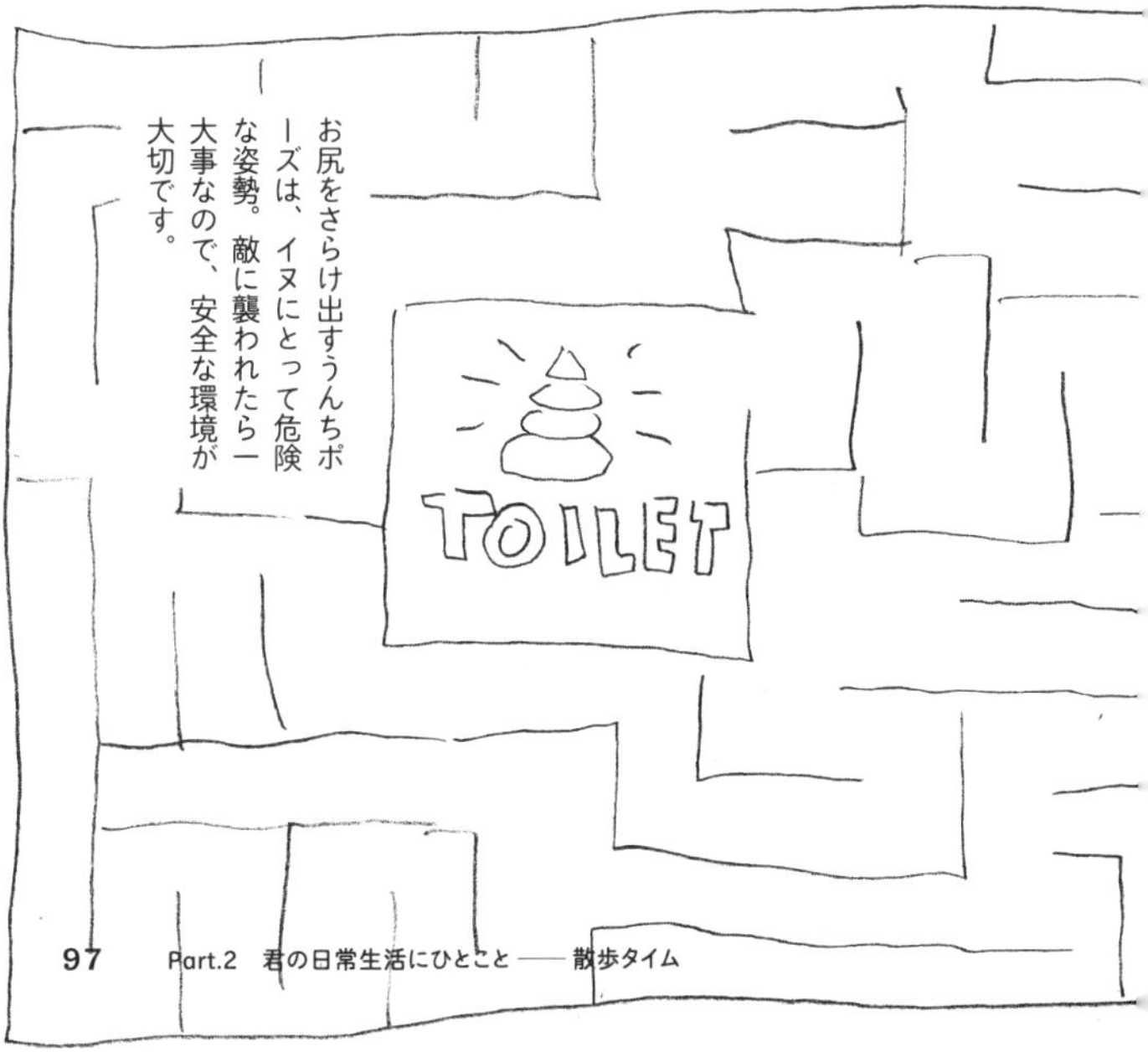

お尻をさらけ出すうんちポーズは、イヌにとって危険な姿勢。敵に襲われたら一大事なので、安全な環境が大切です。

『トイレの途中に落ち着きがないですよ』

うんちより大切な用事ができたものでして……

うんちを出し切る前に歩き始めるというのは、滅多にないことだと思います。人間と同じで、イヌにとってもそのような状態は不快です。何かしらの緊急事態があったのではないでしょうか。「うんちをし始めたら、前方に顔見知りのイヌが来たから、早く一緒に遊びたい！」という遊び盛りのイヌだったり、もしくは「強そうなイヌが来たから、その場から逃げたい」という臆病タイプのイヌだったり。どちらにしても、排尿、排便は、室内だけのしつけではなく、外でもしつける工夫をして、イヌの排泄が落ち着く習慣をつけましょう。

散歩のときは必ずうんち袋と水を入れたペットボトルを。イヌがおしっこをしたら、水で道を洗います。他人の家の前ではうんち、おしっこをさせないように。

例えば、散歩中にはやたらに排泄をさせないのもひとつの手です。飼い主が安心安全かつ迷惑がかからない場所を選び、「フリー」などの言葉を「排泄していいよ」という合図を決めてしつけるのです。きちんとできたら、ほめてあげたり、ごほうびをあげるとよいでしょう。逆に指定の場所で排泄しなかったからといって叱らずに、根気よく続けてみましょう。

「外に出たときくらい、自由に排泄させてやりたい」と思われるかもしれませんが、現在の都会の住宅事情やうんち放置問題などを考えると、他人様の玄関先でおしっこさせてしまったり、イヌが落ち着かない場所でうんちさせたりするよりは、適切な方法だと言えます。

違うんです。おしりがむずかゆいので
ちょっと見てもらえますか？

イヌが、おしりを草むらにこすりつけながらずりずり前に進んでいたり、カーペットにおしりをこすりつけていると肛門を拭いているようでかわいらしく見えます。

ところが、これは肛門嚢（肛門の左右にある分泌液が出る袋）に分泌物がたまり、かゆくなっておしりを地面にこすりつけている可能性があります。初対面のイヌはおしりの匂いを嗅ぎ合いますが、この分泌液を確認して相手の強さなどを判別しているのです。しかし、分泌物がたまっているのを放っておくと、肛門嚢が化膿したり、炎症を起こしたり、時には破裂してし

『おしりは拭くタイプなんですか？』

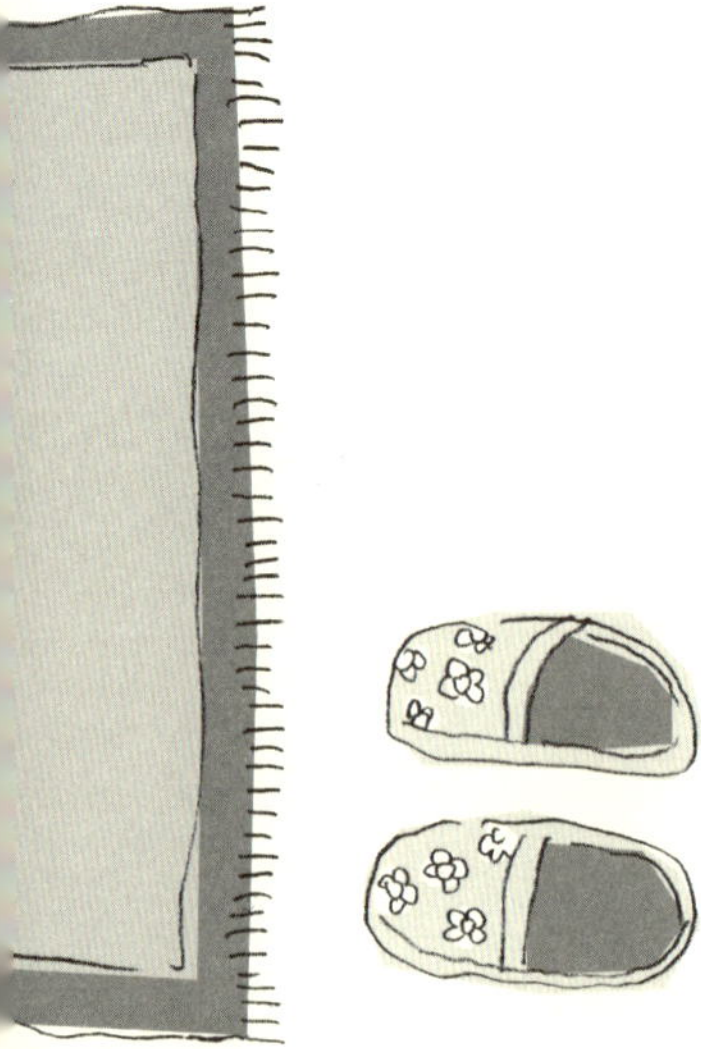

まうこともあります。大型犬の中には、排便をするときに分泌物を一緒に排泄することができる子もいますが、小型犬や中型犬は分泌液を絞り出して排泄する力がないので、飼い主が絞ってあげる必要があります。しっぽを持ち上げて、肛門の左右にコリコリしたものを親指と人差し指でギュッとつまんで分泌物を出してあげます。うまくできない場合は、病院でやってもらうとよいでしょう。分泌物はとても臭く、勢いよく飛び出すので、ティッシュをあてて行います。シャンプー前についでに行うとよいでしょう。

おしりをずりずりこすりつける他にも、おしりを気にしてなめるのも、かゆみを感じている合図なのでチェックしてあげてください。

おもしろい行動だと思って放置していると悪化することも。一度病院で診てもらいましょう。

『いつからベジタリアンになったの？』

胃がむかむかしているような……お腹の調子がよろしくないんです

散歩中に、愛犬が無心になって雑草をむしゃむしゃ食べ出すことがあります。「牛みたいなものかしら？」と気に留めない方もいると思いますが、イヌは肉食よりの雑食動物なので主食として草を食べることはありません。では、なぜ時折草を食べるのでしょうか？　これには大きく2つの理由が考えられます。

ひとつは、胃腸の調子がよくないということです。イヌは胃がむかむかしているときに、人間でいう胃薬の代わりに草を食べて胃腸の調子を整えていると言われます。また、食物を消化するための酵素として、野菜の代わりに雑草を草を大量に食べるイヌは、胃の調子が悪いのかもしれません。食事内容をチェックしてみましょう。

食べることもあるようです。

ちなみに、イヌは自分の体で消化できないものを吐き出そうとすることがよくあります。これを「嘔吐」とは別で「吐き戻し」と言います。胃の調子を整えるために草を食べて吐くほかに、食べ過ぎや早食いで吐くこともあります。

2つめの理由として、草の食感が気に入ったり、空腹を満たすために食べることもあるようです。しかし、草を消化しきれずに、うんちにそのまま出てくることもよくあります。

いずれにせよ、道路や公園の草は除草剤などを散布されている可能性もあるので、必要な場合は購入した草を与えるほうがよいでしょう。

『拾い食いなんてお行儀の悪い』

食い意地に、育ちの善し悪しは関係ありません。拾い食いをしたら、ひとまず落ち着いて「出せ」の指示を。

食い意地が張っているのは野生の名残りという悲しい本能です

　散歩中のイヌは、あっちに行ってはクンクン、こっちに行ってはクンクン、時には「もう1回あのにおい嗅いでいいかな?」と戻ってクンクン……。道端に何か落ちていれば、「あれは何だろう?」となかなか前に進みません。匂いを嗅いでいるだけならいいのですが、飼い主が目を離しているすきにそれをパクッと食べてしまうことがあります。飼い主が慌てて口の中から吐き出させようとしても、時すでに遅し。なかなか吐き出してくれず、そのまま飲み込んでしまうことも少なくありません。

「ごはんが足りてないの?」「エサをあげてないみたいで恥ずかしい……」と思いがちですが、イヌが目の前にあるものを口に入れてしまうのは、オオカミ時代の本能です。もともと、いつごはんにありつけるかわからなかったため、食べられそうな物はたとえアイスの棒やタバコでも口に入れてしまうことが。一度口に入れた物をなかなか出そうとはしないので、散歩中に何か落ちていたらイヌを近づけないようにします。

　イヌが何か食わえたのを、飼い主が騒いだり、むりやり口から取り出そうとしても、イヌは遊びと勘違いして抵抗が強くなるだけです。拾い食いをやめさせるには、日頃から「出せ」の指示を練習することです。具体的には、おやつを見せて「出せ」と指示し、言う通りにできたらおやつをあげてほめてあげましょう。

自分の好きなように散歩したいんです

イヌが散歩中に、突然動かなくなることはしばしばあります。疲れてしまっただけなら、少し休めばまた歩き出しますが、他にもいくつか理由が考えられます。

ひとつは、イヌは嗅覚が鋭い動物なので、これから行こうとしている場所から、ただならぬ「匂い」がして、しばし様子をうかがうためです。

もうひとつは、飼い主が行こうとしている散歩コースがイヌにとって好ましい場所ではないことが考えられます。理由は、仔犬の頃、そのコースにいるイヌに吠えられたとか、工事中で大きな振動が響いて怖い体験をしたといったト

『急に固まって置き物にでもなる気？』

散歩中に動きが止まったら、様子を見て理由を把握しましょう。わがままな散歩をするようなら、しつけをやり直す必要が。

ラウマとも言える理由です。そのような場合は、イヌに寄り添い「ひと休みでもしようか」といった感じでリラックスした雰囲気を出すとまた歩き始めるでしょう。少しでもイヌが歩き出したらほめてあげて、少しずつでも前に進みましょう。どうしても嫌がる場合は、違う道を歩いたほうがよいかもしれません。

また、「散歩は自分が歩きたいように歩く」と思い込んで、動こうとしないこともあります。リードを引っ張って無理矢理歩かせようとしても逆効果。飼い主はリードを引かずにその場で立ち止まり、イヌが自ら歩き出すのを待ちます。イヌは「飼い主の様子がいつもと違うぞ！」と感じ、注意を向けてくれるはずです。

『お姫様、もうお疲れですか？』

イヌは基本、甘えん坊なので つい抱っこをせがんでしまうんです

散歩中に、足元にまとわりついて抱っこをせがんできたり、飼い主がちょっとでもかがむと「抱っこ！」とヒザにのるイヌがいます。

これは、小型犬に多い現象で、気づかないうちに「抱きグセ」がついているのだと思われます。散歩中に歩かないから抱っこ、大きなイヌに吠えられたら抱っこ、知らない人に飛びついたから抱っこ……。小型犬は体重も軽いので、ついつい何かあるたびに抱っこしてあやしてしまいます。抱っこすると一見イヌも落ち着いたかのように見えますが、これは問題行動を解消したのではなく、回避したに過ぎないのです。

抱っこはコミュニケーションのひとつですが、抱きグセがつくとわがままに育つので程々に。

このような状態を続けると、イヌは飼い主が自分の要求をすぐに満たしてくれると思い込み、どんどん助長してわがままに育ちます。特に、抱っこ中に他人がなでようとすると唸ったり、噛んだりするようになったら要注意。自分のことを「お姫様（もしくは王子様）」とでも思い込んでいるかもしれません。抱っこ好きのイヌは、自分のことをイヌだと理解していない可能性があります。大きなイヌとすれ違うときも、辛抱強く、「おすわり」「待て」をさせて落ち着かせましょう。

　ただし、抱っこは必ずしも悪いことではなく、大切なスキンシップでもあります。仔犬期は抱っこして、いろんなところを触られても嫌がらないように慣れさせることは必要です。

散歩は飼い主とのラブタイム

イヌは本当に散歩が大好き。飼い主が散歩に連れ行ってくれるのを、毎日心待ちにしています。飼い主がちょっと動くたびに、「いよいよ散歩かな？」と期待に満ちた目でそわそわするのは、ちょっとうっとうしくもあり、かわいいものです。

散歩の役割はイヌにとって適度な運動でもあり、縄張りのパトロールでもあり、排泄の時間でもありますが、やはり大きな「楽しみ」のひとつです。歩く道すがら、いろいろなものを見たり、匂いを嗅いだりすることが、単調な生活を強いられるイヌにとってよい刺激になります。また、人間と同じように、体を動かすことがイイヌにとっての散歩はデートと同じくらい楽しいもの。自転車に乗って済ませるなんて、失礼ですよ。

ヌのストレス解消につながります。
　最近は、飼い主が自転車に乗ったり、ジョギングのついでにイヌを散歩させるのを見かけます。しかし、不安定な動きをする自転車はイヌにとっては恐怖であり、ただ走るだけでは匂いを嗅ぐこともできず、逆にストレスがたまってしまうことになりかねません。散歩は単なる運動ではなく、飼い主とコミュニケーションをとる大切な時間。歩きながらアイコンタクトをとることで、飼い主と一体感を感じています。イヌの歩調に合わせて歩きましょう。
　イヌは暑さに弱いので、夏場の散歩は早朝や夜など涼しいうちに。また、雨の日の散歩を習慣づけないほうが、散歩に行けないときにイヌもストレスをためずに済みます。

『イヌ社会の儀式なの？』

おしりの匂いを嗅いで どんなイヌなのか情報を得ています

見知らぬイヌ同士が出会ったときに、お互いの匂いをクンクン嗅ぎ合う光景をよく目にします。特に、お尻周辺の匂いを嗅ぐのに時間を要していることがあります。イヌは肛門周辺にある肛門嚢からの分泌物の匂いで、相手の性別や年齢、どこに住んでいるかの他に、強さや性格まで知ることができると言われています。人間が嗅ぐとただただ猛烈に臭いだけですが、肛門嚢の匂いは、人間のビジネスシーンで言う名刺交換のようなもの。相手に対する友好的な儀式として行っていると言ってよいでしょう。相手が嫌がっていなければ、無理に引っ張って引き

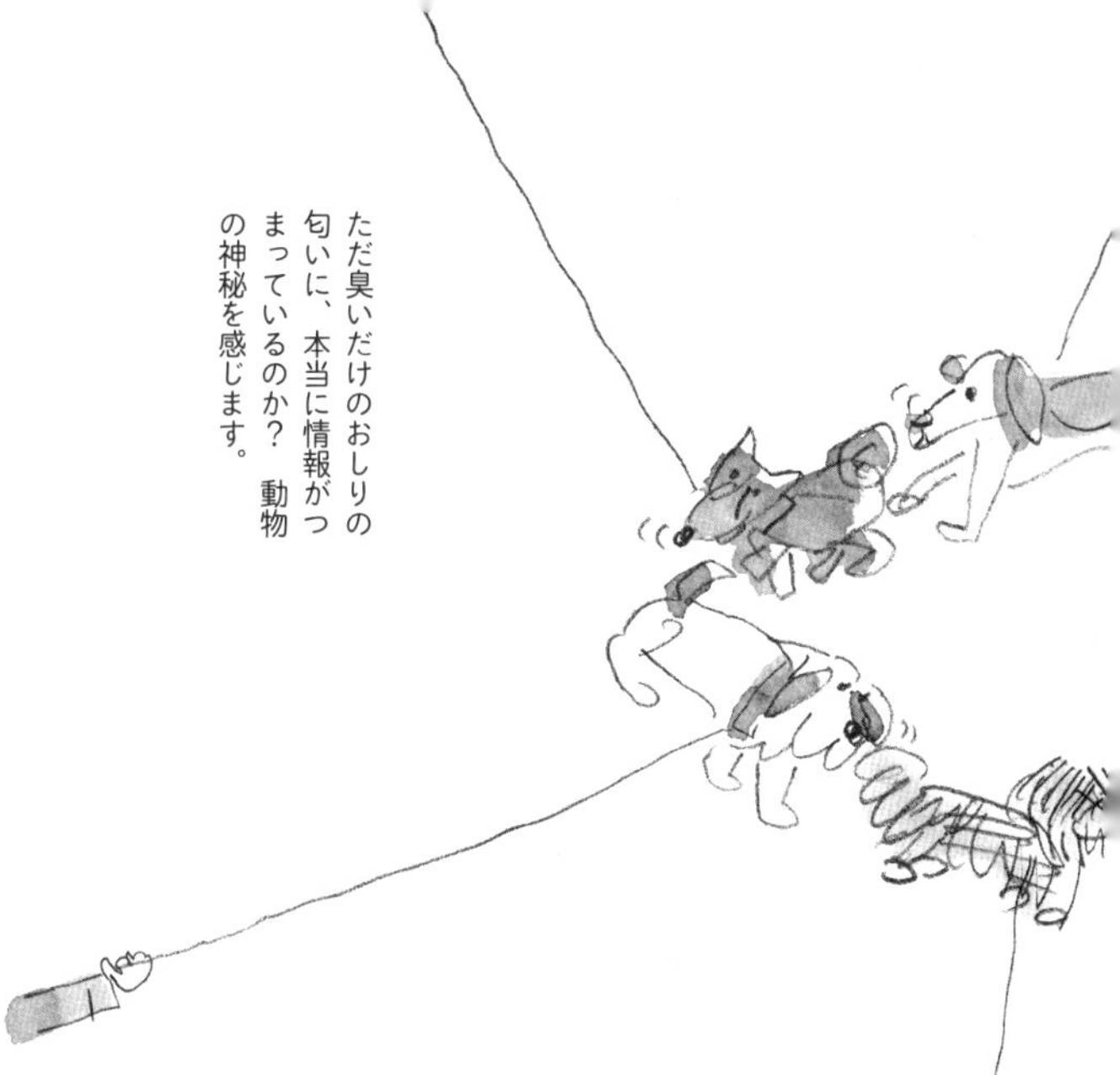

ただ臭いだけのおしりの匂いに、本当に情報がつまっているのか？　動物の神秘を感じます。

離さずに、あいさつをしているのだと思ってしばらく見守ってあげましょう。相手のことがわかれば、上下関係や距離感がつかみやすくなり、仲良くなりやすくなります。イヌは一度嗅いだ匂いは忘れないので、次に会ったときに知り合いであることもわかります。

また、この匂いの嗅ぎ合いから、イヌの性格が少しわかります。おしりの匂いを堂々と嗅がせてあげるイヌは自信家です。逆に、しっぽを下げておしりを隠したり、嫌がるイヌは内気で自信がないのかもしれません。おしりの匂いを嗅ごうとして、２匹がくるくるまわっているのは、「相手のことは知りたいけれど、自分のことはあまり知られたくない」と、互いに探り合っている状況なのです。

イヌに友だちがいないとかわいそうと思っているのは人間だけ

人間の感覚からすると、イヌも友だちがいないと寂しいのではないかと心配してしまいます。実際、イヌ同士で仲良く遊んでいる子もいれば、警戒心が強いのか、唸ったり吠えたりするばかりでちっとも遊ばない子もいます。

一般的に、仔犬の頃に親兄弟と過ごしているイヌは、イヌ社会のルールが身についているため、イヌ同士で仲良くするのが得意です。逆に、親兄弟とすぐ離れてしまったイヌは、他のイヌと接するときにどうしたらいいかわからないため、緊張や恐怖心から吠えたり、逆に興奮してじゃれついて怒らせてしまったりすることもあ

イヌの友だちがいなくても心配無用。飼い主にかわいがられていれば、友だちがいなくても十分幸せです。

るのです。吠えたり吠えられたりしても、慌てずに静かに通り過ぎましょう。

　イヌ同士でじゃれ合っているのは人間から見ても楽しそうに見えますが、だからと言って無理にイヌ同士で遊ばせようとする必要はないと思います。そもそもイヌは、用心深い動物なので、幼い頃から慣れ親しんでいる家族やイヌ以外にはなかなかなつかないものです。また、「友だちと遊ぶのが好き」というイヌもいれば、「ひとりでも楽しい」というイヌもいます。イヌだって「この子とはあまり気が合わないな」と感じることもあります。

　飼い主の「友だちがいなくてかわいそう」という思いは、イヌからしてみたら大きなお世話かもしれません。

『土足厳禁って　よくご存知で』

ほんとは足を拭かれるのは嫌いですが　ご主人様がほめてくれるので

散歩から帰って家に入るときに、室内犬であれば足を飼い主に差し出す子もいるようです。このようなイヌは稀ですが、仔犬の頃から散歩の後は飼い主に足を拭かれてきたため、外から帰ったら「足を拭くものだ」と学習して習慣となったのでしょう。散歩の後に足を拭くのは、足についた汚れを落とすだけでなく、肉球の間に小石が挟まってないか、肉球が傷ついていないかのボディチェックとしてもよい習慣です。

しかし、たいていのイヌは、足を拭かれるのは嫌がるものです。というのも、足先はイヌが敏感に感じやすい部位。他にも、耳の先端、鼻先、内股付近、しっぽの先端などは、イヌは触られると嫌がります。

普段、触れられない足先を、いきなり力を入れて拭かれるとイヌはストレスを感じます。ときには、唸ったり、噛みつくそぶりを見せる子もいるかもしれません。これは飼い主への優位性ではなく、ただ単に恐怖心からとる行動。噛みつくそぶりを見せれば、飼い主がやめると学習すると、そのうち噛みつくことにもなりかねません。まず、足を拭かれることが気持ちいいものだと思えるように、やさしく拭いてあげて、おとなしく受け入れてくれたらたくさんほめてあげます。洗面器に足を入れて洗う方法は、水分をしっかりとらないと皮膚のトラブルを引き起こす可能性があるのでご注意を。

自分で足を拭いて家に入るイヌはかなりおりこうさんです。泥んこでも気にしないイヌがほとんどでしょう。

COLUMN 2
これってうちだけ？

イヌの散歩事情

イヌの散歩中のクセはさまざまあるようですが、飼い主の悩みで最も多いのが引っ張りグセ。これは、根気よくしつけることとして（144ページ参照）、驚いたことに散歩が嫌いなイヌというのが増えています。小型犬に多く、飼い主が散歩嫌いにしていることがほとんど。例えば、抱っこをしたり、キャリーに乗せてばかりいると、地面に慣れず外を歩くことを嫌がります。臆病な性格であれば、他のイヌが怖くて怖じ気づくことも。最初は人が少ない時間を選んだり、歩かなくても外に連れて行って、楽しい世界だと教えてあげましょう。

動物病院に行くときに、「むむっ？　これは散歩じゃないな？」と勘づいて嫌がるイヌも多いよう。これは、普段の道との違いや飼い主の緊張感から判断しているようです。

CASE-1

おならぷーの犯人は？

散歩をしながら、ぷーっと音が……。イヌもおならをするんです。リラックスしたり、腸が動き出したりして、おならが出るのでしょう。自分でその臭さに驚く子もいるようですよ。

CASE-2

知り合いを無視

おそらく知り合いのことが、あまり好きではないのだと思われます。イヌは素直だから、興味がなければ無視してしまいます。

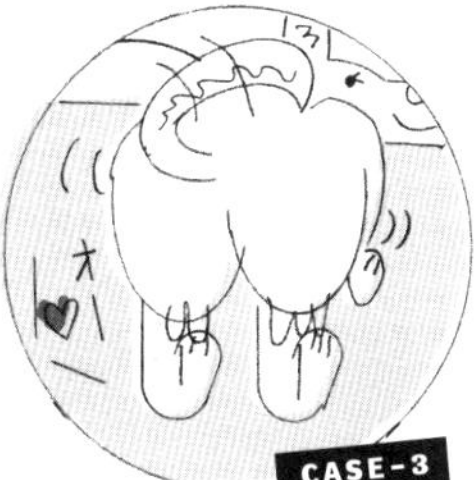

CASE-3

お尻ふりふりモンロー犬

お尻をふりふりしながら、マリリン・モンローのように散歩するのは、コーギーなどの短足なイヌによく見られます。散歩の時、リズミカルに揺れる後ろ姿は、見ているだけで癒されます。

『眠たいなら寝ればいいのに……』

1日のほとんどを寝て過ごすイヌですが、どうしても起きていたいときもあります。

眠いけど寝たくないときがイヌにもあるんですよ

おすわりをしたままうとうとして、体を支えきれずに前にぽてっとなる。眠そうなのに寝ようとしないイヌの姿は、人間の小さな子どもが眠いのを我慢しているようで、微笑ましいものです。イヌも人間と同じように、「眠いけど寝たくない」と思うことがあるようです。

例えば、睡魔が襲ってきているのだけれど、「ごはんが楽しみ」とか「来客がいるから警戒しなくちゃ！」など気になることがあるから起きてなきゃ……という状態なのでしょう。また、「家族のみんなが楽しそうに起きているから、まだ眠りたくない」ということもよくあります。楽しそうな家族団らんの様子に、自分も加わっていたいのでしょう。

ところで、イヌって実によく寝ています。朝は飼い主とともに起きても、日中はたいていごろごろ寝ています。人間からすると「いつも寝てばかりでヒマそうだけど、楽しいのかな？」と思いますが、それこそいらぬ心配です。イヌは成犬でも1日の約半分、もしくはそれ以上を寝て過ごしています。仔犬の場合は、18～20時間と1日のほとんどが睡眠時間。よく寝ることは、イヌのストレス解消のひとつです。また、睡眠のうちの8割はノンレム睡眠と呼ばれる浅い眠りで、日中はちょっとした物音でも目を覚まします。この辺りは、危険にさらされていた野生の名残りなのかもしれません。

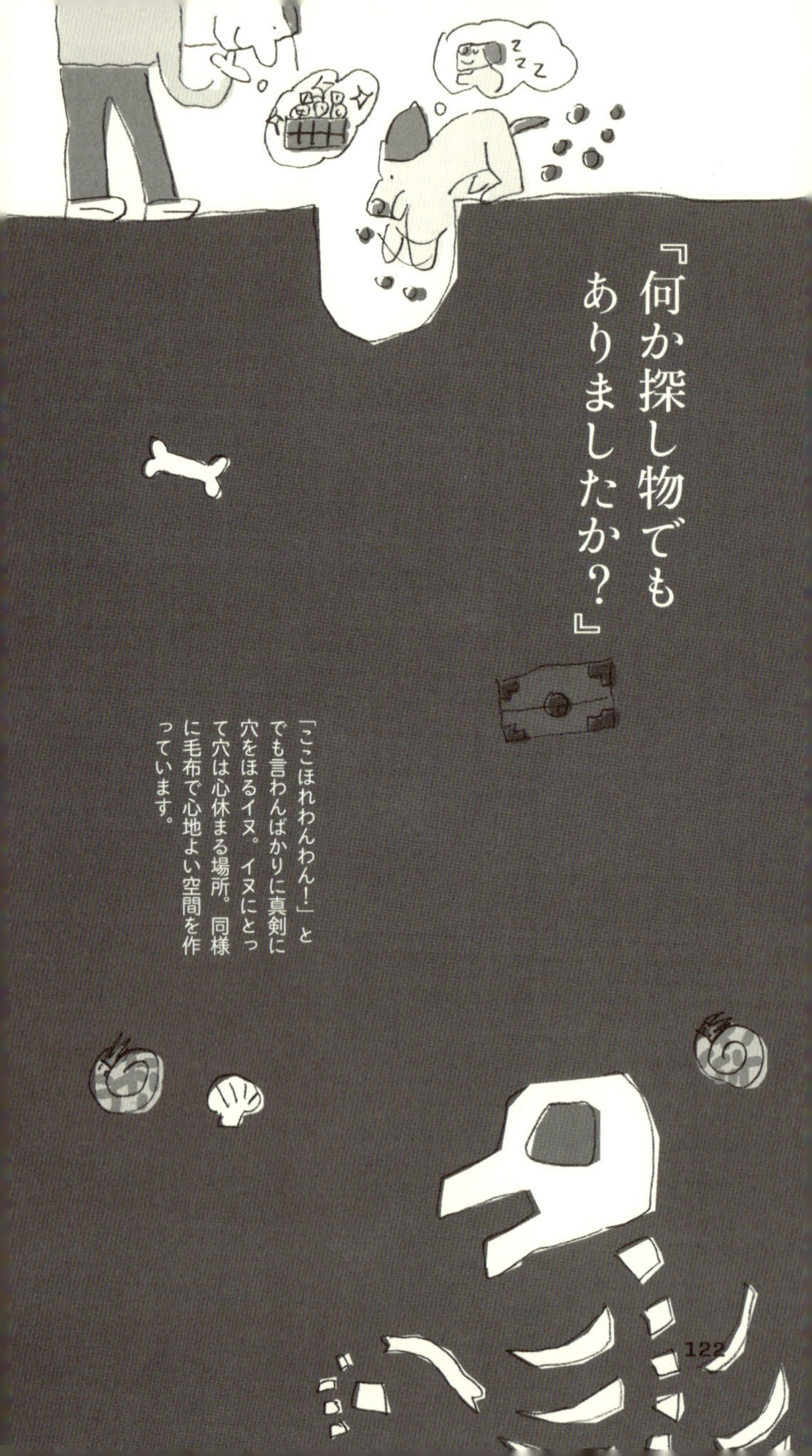

『何か探し物でもありましたか？』

「ここほれわんわん！」とでも言わんばかりに真剣に穴をほるイヌ。イヌにとって穴は心休まる場所。同様に毛布で心地よい空間を作っています。

オオカミ時代の名残りで寝床を整えているんですよ

愛犬の寝床に毛布を敷いてあげているのに、寝る前に、まるで穴掘りでもするかのように毛布をぐしゃぐしゃにしている姿を目にすることがありませんか？「せっかく整えてあげたのに」とがっかりしますが、このいたずらでもしているかのような行動は、野生時代から受継いだものだと言われます。オオカミは外敵に居場所を知られて襲われたりしないように、頻繁に巣の場所を変える必要がありました。そこで、寝る前に穴を掘り、自分で寝床を整えて、ぐるぐるまわり、安全を確認していたのです。

また、人間同様に、毛布を引っかいて自分なりの寝やすい状況を作っているのかもしれません。毛布をまる形にするとお腹にフィットするとか、くしゃくしゃになっているほうが安心するといった好みのようなものであり、寝る前の儀式になっているのかもしれません。

また、汚れた毛布を洗い立ての毛布に取り替えてあげると、一生懸命自分の体をこすりつけます。「せっかく洗ったのに、すぐに匂いがついてしまう……」と思うかもしれませんが、これは本能的に自分の匂いをつけているのです。縄張りアピールのようなもので、「この毛布、ぼくの！」と印をつけているのでしょう。

どちらにしろ、イヌもふかふかした毛布の上で眠るのは大好きなので、くしゃくしゃにすることは大目に見て、用意してあげると喜びます。

え？　何かしてました？
昨日はいい夢を見ましたよ

イヌが寝ながら足を動かしたり、ソファを引っかいたりしているのを見かけると、びっくりします。「夢でも見ているのかな？」としばらく観察していると、なんだか幸せそうに見えます。眠りながら、ふがふがと一生懸命走っているイヌもいるそうです。

正確にはイヌに聞いてみないとわかりませんが、一般的にイヌもよく夢を見ているといわれています。人間は90分の間隔で、レム睡眠（浅い眠り）とノンレム睡眠（深い眠り）を繰り返していると言いますが、イヌはもっと短い間隔で2つの睡眠を繰り返しています。そして、人

『一体どんな夢を見たら
そんな動きに
なるの……』

寝ながら足をじたばた動かしているときは、夢の中で競走馬になって颯爽と駆けている最中かもしれません。

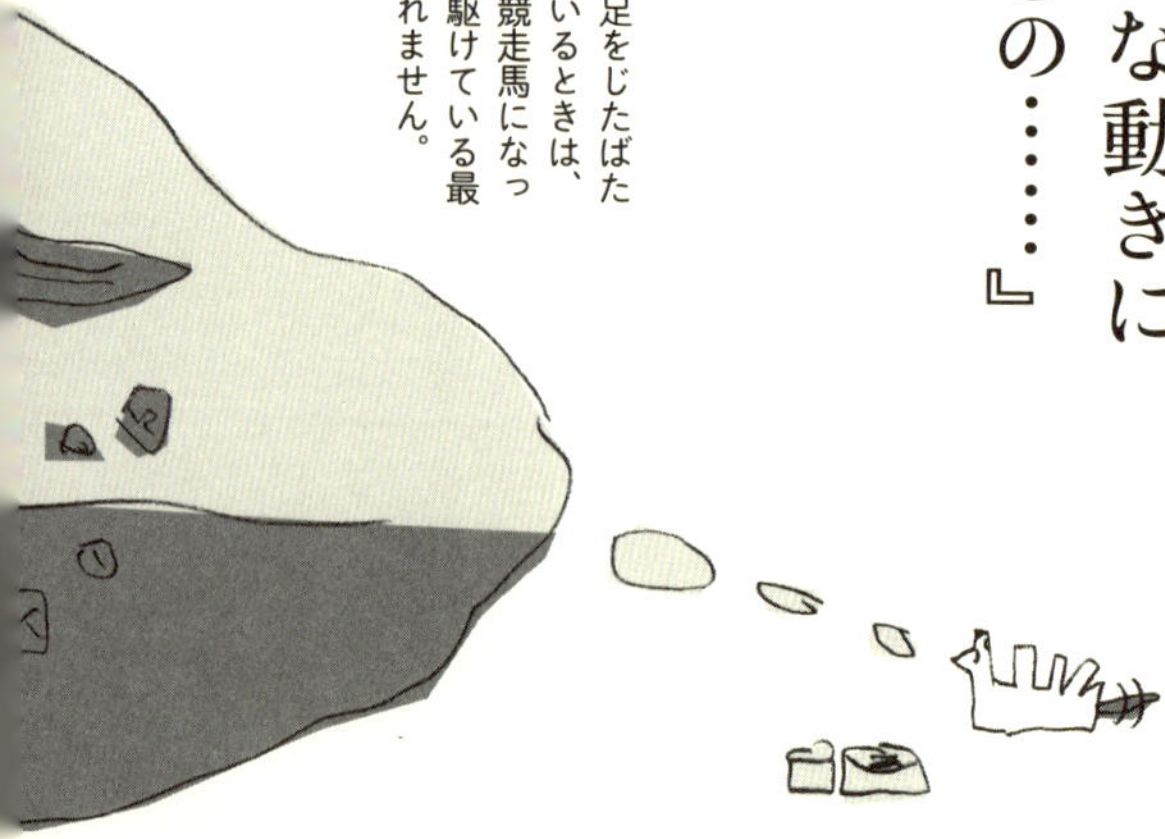

間と同じように脳が起きている浅い眠りのときに、夢を見ているのだと考えられます。嬉しそうに口を動かしているときは、きっと好物を食べている夢を見ているのでしょう。

また、人間と同じように、いびきをかくこともあります。ときどき、「あなたは人間？」と思う程のいびきをかくイヌもいますが、人間のような習慣的、あるいは無呼吸症候群のようないびきはかきません。寝息が少し大きいといったところで、すぴーすぴーと一定のリズムを刻むいびきを聞くと、飼い主も落ち着きます。

同じく、寝言だって言います。夜中に「むにゃむにゃ……」と変な声を出しているので起きて様子を見ると、すやすや寝ているイヌ……。思わず、抱きしめたくなりますね。

COLUMN 3

これってうちだけ?

イヌの寝相七変化

人間の寝相にあお向け派、横向き派、うつぶせ派などがあるのと同じように、イヌも心地よい「カタチ」で寝ます。お昼寝時には、お腹を丸出しにして、あお向けで寝てしまうイヌも多いようです。イヌが急所であるお腹を出して寝ているのは、とても安心していることを示しています。特に、小型犬や仔犬は胴体がぷくぷくしていて、手足も短いのであお向けになっても安定しやすいようです。体の大きなイヌがやると、お股が広がって、行儀が悪いような気もしますが……。神経質で敏感なイヌは、あお向けでは寝ないようです。ともあれ、あお向けでも横向きでも、一番落ち着く体勢で寝ていると考えてよいので、どんな姿で寝ていても心配する必要はありません。人間と同じように、寝相がよい子、悪い子がいます。

CASE-1

人間の「大の字」「ヒ」の字型

どさっとそのまま横たわり、足を伸ばして寝るタイプ。人間でいう「大の字型」は、気持ちよさそう。

CASE-2

体をまるくすぼめて鼻を抱える

寒い季節には、体をまるくして鼻を抱えたようにして眠るイヌも。しっぽもまるめてお尻をガード。

CASE-3

まるで人間あお向け寝

手足の関節がやわらかい仔犬や小型犬は、手足を伸ばして寝ることができます。

『もう おばあちゃんなのか……』

いつの間にか、あなたより年をとりすっかり耳が遠くなりました

イヌの成長は人間よりペースが速いので、人間よりも速く老化します。一般的に、最初の1年で人間の17歳、2年で24歳に成長し、それ以降は4歳ずつ年をとると換算されます。15歳にもなるとすっかりおじいさん、おばあさんになっています。また、小型犬よりも大型犬のほうが老化が速いため、寿命も短い傾向にあります。

幼形成熟と言われるイヌはいつまでも子どものように愛くるしいので、飼い主はついつい年をとっていることを忘れてしまいます。そして、ある日、帰宅してもすぐに気づかずに起きてこない愛犬に気づきます。名前を呼んでも、キョロキョロとして違う方向を見たり、かわいい耳がぴょこっと動いたりしません。

これは、明らかな老化のサインのひとつです。名前を呼んでもその音源を判断できない、聞こえずに反応しないなどといったことも増えてきます。サイレンや雷などの大きな音にも反応しなくなります。

また、家具などにぶつかったりすることも増えると思います。もともと視力はよいわけでなく、聴覚や嗅覚に頼っているイヌですが、年をとると目やにが多くなり、乾燥して炎症を起こしやすくなります。白内障や緑内障などの目の病気が進行すると、失明することもあります。

少しおかしいなと思ったら、病院に連れて行き、適切な処置をほどこしてあげましょう。

イヌを看取ってあげることも飼い主の大切な仕事。年老いると寂しがり屋になるので、できるだけそばにいてあげましょう。

散歩もあまり行きたくはないのですが体力維持のためにお願いします

何にでも興味を持って好奇心旺盛だったイヌも、年をとると意欲が薄れて、物事に対しても無関心になります。聴覚、視覚、嗅覚などの感覚も衰えるため、すばやい反応を示すこともなくなり、大好きだったごはんや散歩への反応もだんだん鈍くなるでしょう。心臓が弱くなったり、関節が悪くなるので、ちょっとした段差で躊躇したり、ソファーなどに飛びのれなくなってしまいます。

散歩にあまり行きたがらなくなっても、人間の老人と同じように、筋力や体力の維持のために適度な散歩は必要です。散歩のコースを短い

『だってこれが日課だもんね』

ものにして、坂道や階段の多い道を避けるようにします。疲れやすいので、歩調もゆっくり合わせます。寒さに弱くなるので、冬は午後の暖かい時間帯に出かけるとよいでしょう。

今までは吠えていなかったのに、無駄吠えをし始めることも。これは老化とともに周囲の状況を認識できなくなり、不安や寂しさが大きくなるためです。屋外で飼っている場合は、室内に入れると安心してくれるでしょう。

また、痴呆症になると昼夜逆転の生活になり、夜鳴きすることもあります。この場合は、昼間に散歩に連れ出すなどして、できるだけ日中の起きている時間を長くするようにしましょう。スキンシップを多くとり、不安を解消することも大切です。

散歩の際は、年老いたイヌの歩調に合わせてあげましょう。老犬とのんびり過ごすのも至福のひとときです。

『君に出会えて本当に楽しかったよ』

愛犬との思い出は永遠の宝物。ペットを持つ飼い主に話を聞いてもらって、涙や悲しい気持ちを吐き出しましょう。

泣きたいだけ泣いてください イヌに生まれて幸せでしたよ

イヌの一生は10年から15年程です。イヌを飼い始めたら、心に留めておきたいのは、飼い主よりも先に逝ってしまうということです。小さくてかわいいときから育て上げ、よぼよぼに年老いて行くまでを見届けるのは、飼い主の特権であり、責任でもあります。老衰しているイヌはもしかすると、自分が長くないことを悟っているのかもしれません。散歩に行かない、吠えない、ごはんを食べないなど、目に見えて具合が悪くなったら、そろそろお迎えがくるのだと覚悟はしておきましょう。死ぬ前にイヌがひと声吠えた、という話もよく聞かれます。「ありがとう」「幸せだった」と何かを伝えているのかもしれません。

かわいがっていた愛犬が死ぬ悲しみは、計り知れないものです。「もっと一緒にいてあげればよかった」「こうしてあげれば死ななかったかもしれない」と罪悪感にかられる飼い主もいるでしょう。これらの悲しみや苦しみは、当然のことです。その感情を受け入れて、泣きたいだけ泣きましょう。悲しみを否定し続けると、悲しみを引きずり浸ってしまう「ペットロス症候群」から抜け出せなくなります。家族で愛犬の思い出話をしたり、同じようにペットを失った人に話を聞いてもらうのもよいことです。亡き愛犬を思い出して悲しい気持ちになることは、少しも悪いことではないのです。

萌えパーツ図鑑

もっと知りたい
イヌの魅力

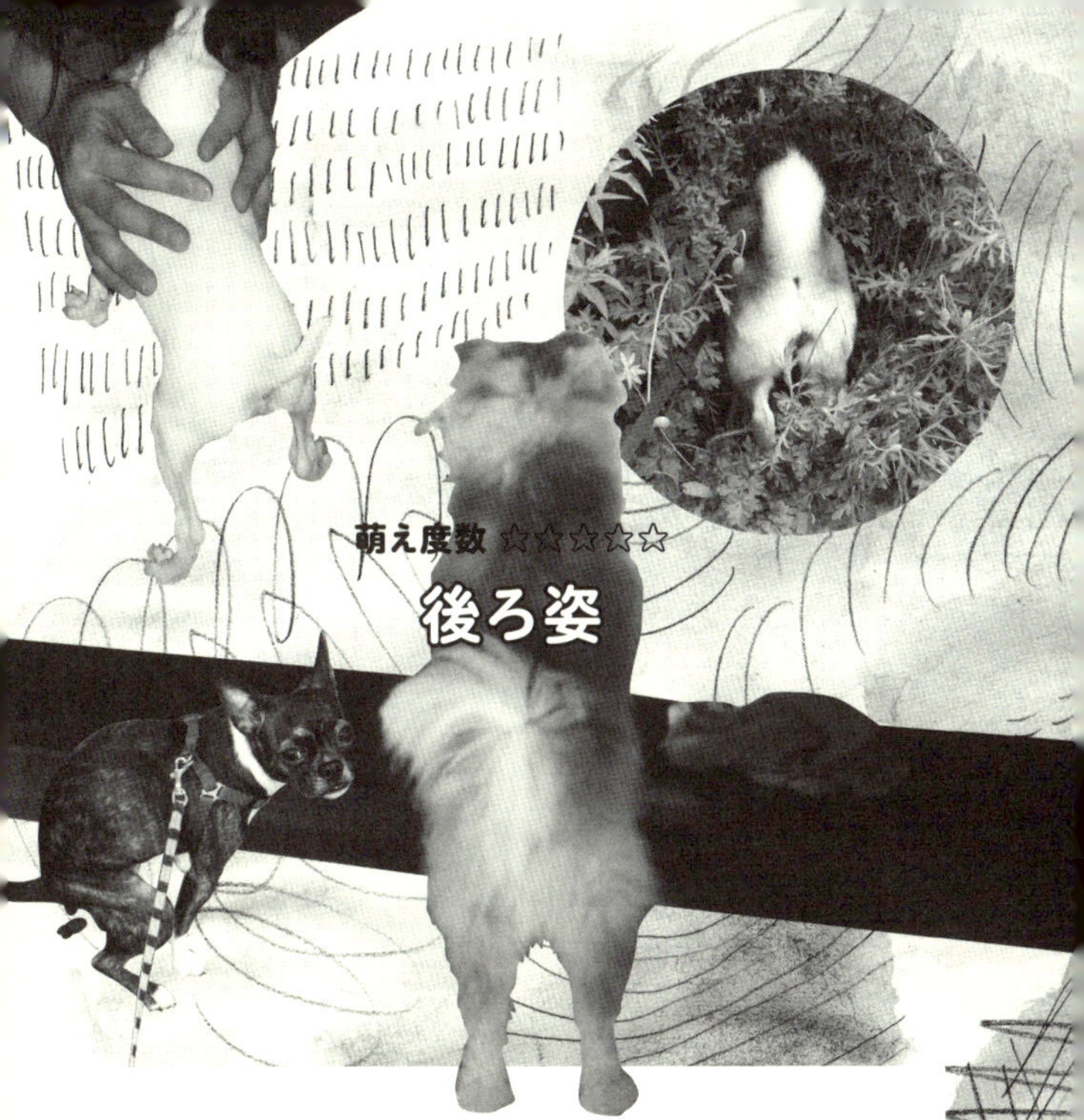

萌え度数 ☆☆☆☆☆

後ろ姿

丸いおしりと丸見えの肛門に思わずキュン

無防備な後ろ姿は、なんだか無性に愛おしく、かわいらしさ抜群です。例えば、散歩中の後ろ姿。おしりをぷりぷりして歩いているのを見ると、かぶりつきたくなる程愛らしい。うんちをきばっているときのふるふるした姿も微笑ましい。特に、柴犬など、しっぽがくるりとまいていて肛門が丸出しのおしりは悶絶級です。人間にとってはちょっと気恥ずかしく、愛らしく感じるものです。また、家族の誰かを待っているおすわりをした後ろ姿も、ぽつねんとした哀愁が漂い、胸がきゅんとします。

萌え度数☆☆☆

犬歯

舌を出すとき、あくびのあとにのぞくチャームポイント

イヌがあくびをするときや、「ハッハッ」と舌を出すときに見せる野性的な犬歯もイヌ好きを萌えさせるパーツのひとつ。犬歯がちらりと見えると、人気アイドルの八重歯のごとく笑っているように見えるから不思議です。

イヌには肉などを食いちぎるために、上下2本ずつ鋭い犬歯があります。黒い唇が白をより引き立たせているのもすてきです。ちなみにイヌがわざと歯を見せる場合、上の歯を見せると「嫌い」、下の歯を見せると「好き」を表すと言われています。

萌え度数 ☆☆☆☆☆☆

肉球

触り心地だけでなく思わず嗅ぎたくなるその匂い

イヌの足の裏には、ぷくぷくとした肉球がついています。アスファルトをてってってっと歩く音を聞くと、かわいくて仕方がありませんが、この足音も肉球があるからこそ。肉球は足が着地するときの衝撃を吸収するクッションの役割を果たしています。もみもみしてあげると、人間も気持ちいいしイヌも気持ちよさそうにします。肉球には汗腺があり、汗をかくと湿り気を感じます。臭いを残すためと、滑り止めのためと言われますが、飼い主によっては肉球の匂いがこうばしくてたまらないという人もいるようです。

萌え度数 ☆☆☆

濡れた鼻

触れるとしっとりとしていて つやつやの鼻は元気な証拠

イヌの鼻はたいがい濡れていて、つやつやに光っています。人間の唇がうるおっているほうが健康に見えるのと同じように、イヌの鼻もうるおっているほうが元気に見えます。実際に、体調がよいときは鼻に湿り気があり、生き生きしていますが、悪いと鼻が乾きます。

また、湿っている服に匂いがつきやすいのと同じように、鼻が濡れていると匂いの分子をキャッチしやすくなります。そのため、食べ物の匂いがするときは、先に舌で鼻先をぺろりと舐めて、より多くの匂い分子を集めます。

萌え度数 ☆☆☆☆☆

動く耳

どうしてそんなに動かせるの？柔軟性は抜群です！

ほとんどのイヌは柔軟な耳を持ち、自由自在に耳を動かすことができます。何か物音がすると、寝ていても耳だけを音の方向に動かしたり、名前を呼ばれるとピンと立てられます。これは音をキャッチしやすいように、耳で音を寄せ集めているのです。

また、イヌは耳を動かして感情を表現します。特にかわいいのは、飼い主に怒られたときなどに、いかにも「ごめんなさい」と言わんばかりに耳を寝かせている様子。これは服従や不安を表していますが、思わず許してあげたくなります。

萌え度数 ☆☆☆

首輪の上でたぽつくほお

思わず引っ張りたくなる愛らしさに興奮！

イヌには首輪をするものですが、そうすると首の皮が被毛と一緒にたぽたぽに。まるで二重あごのようです。かわいさ余って、たぽついたほっぺをむにーっと引っ張ってみても、けろりとしていてちっとも痛そうじゃありません……。逆に両手でほっぺを挟むようにするのも、イヌ好きのお約束でしょう。

特に、ブルドッグはもともと皮がたるんでいるので首周りのたぽたぽ感が満載ですが、あれは急所を噛まれてもキバが肉に食い込まないためだそう。案外、ほかのイヌもそうなのかもしれません。

Part.

3

伝えたい処世術

『急に立ち上がるとびっくりするでしょ!』

せっかくのお出迎えは嬉しいけれど、飛びつきは心を鬼にして無視を。他人への飛びつきをなくす一歩です。

飛びつくのはイヌの習性なんですがいけないときは止めてください

散歩中に、通行人に飛びつく場合、まずは「しつけに問題あり!」と言えます。確かに、イヌは飛びつく習性があります。先祖であるオオカミは、母親が咀嚼した食べ物を吐き出して離乳期の子どもに食べさせていました。子どもは母親の口を舐めて「もっとちょうだい」とせがんでいた名残りで、イヌは人間の口を舐めたり、舐めたいがために飛びつくと言われます。しかし、イヌが飛びついた相手を転倒させ、けがをさせてしまったという話はよく聞かれること。特に大型犬の飼い主は、飛びつきに関してしつけに気を配るべきでしょう。まず、家庭でイヌ

が出迎えるときに、飼い主にも飛びつかせないことが大切です。飛びついても無視し、イヌが落ち着いたらなでてあげ、飛びついてもいいことはないと教えます。

また、イヌに飛びつくこともあります。攻撃、性的な衝動、遊び心と理由はさまざまですが、いずれも非常に興奮している状態です。飼い主はイヌに近寄っただけで、「噛みついたらどうしよう」と警戒してしまいますが、イヌは飼い主の緊張を感じ取り、自分も緊張状態になります。飼い主はまず落ち着いて、刺激しないように見守りましょう。飛びつこうとしたら無理にリードを引くのではなく、イヌの名前を呼び、きたらほめてあげるとよいでしょう。日頃から呼び戻し（187ページ）のしつけも忘れずに。

そっちが引っぱるなら
こっちもどんどん引っ張っちゃいます

散歩中、愛犬が落ち着いて歩いていると思ったら、突然リードを引っ張られて、びっくりすることがあります。イヌは飼い主より先に興味あるものを発見してそちらに行こうとしたのかもしれません。イヌが飼い主より先に歩こうとすることは、飼い主を下に見ていることとは言い切れないところはありますが、その状態を続けると引っ張りグセがつくので注意が必要です。また、飼い主が知り合いに会って立ち話をしているときに、上目遣いなどアイコンタクトを送り、リードを引っ張るのは、「そろそろ散歩に行こうよ」というイヌからのメッセージだと思

『はいはいちょっと待ちなさい』

われます。

イヌがリードを引っ張ったら、飼い主はとにかく一度立ち止まりましょう。飼い主が動かないと散歩は再開されないので、「リードを引っ張るのはムダなこと」だとイヌに学習させるのです。ついて行ってしまうと、「引っ張れば自由に散歩ができる」と思い、次第に引っ張りグセがついてしまうのです。

また、イヌがリードを引っ張ると飼い主も引っ張るでは、イヌにまた引っ張り返されるだけです。これは、単純に力学的な理由で、リードを引っ張られると、イヌは本能的に前に重心を傾けて引っ張るのです。散歩中、いきなりバイクや自転車が飛び出してきたなど、緊急事以外はリードを引くことを控えるのがベストです。


リードの引っ張り合いはムダなこと。立ち止まって、散歩が飼い主主導であることを教えましょう。

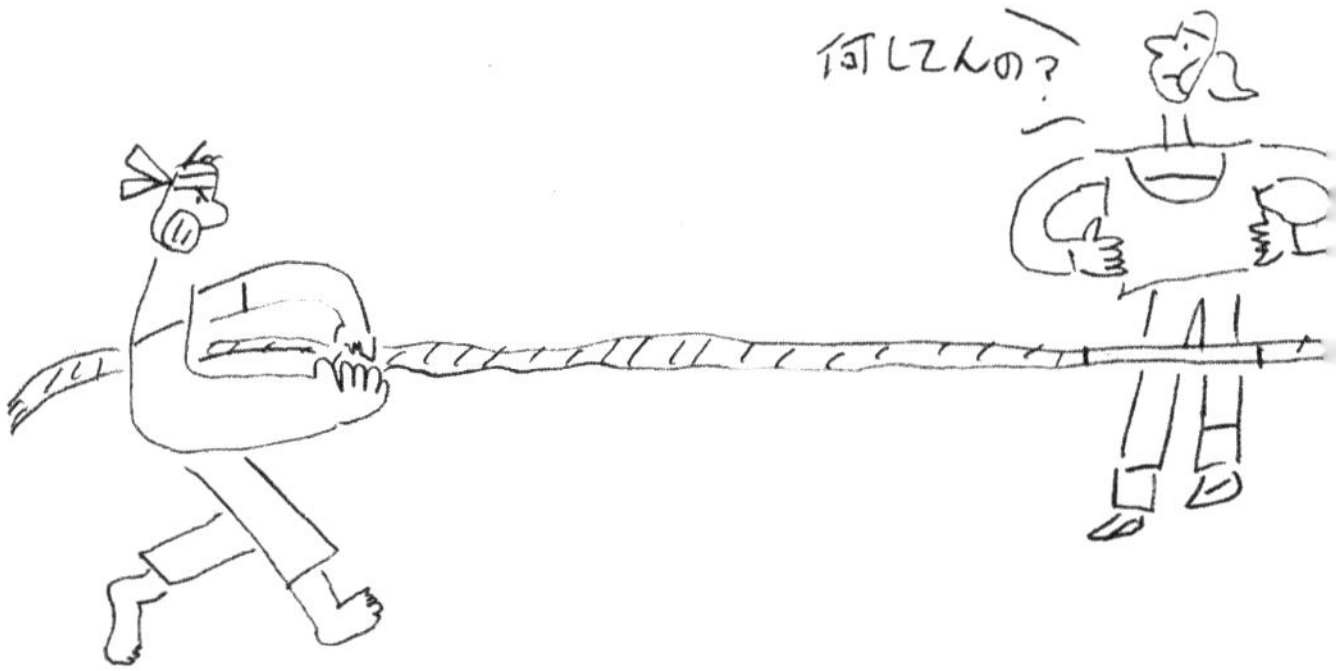

『そこは汚いところですよ！』

自分の身を守るために臭い匂いにまみれたいのです

散歩中に芝生のにおいをクンクン嗅いでいると思ったら、ものすごい勢いで自分の背中を芝生にこすりつける愛犬の姿にびっくりしたことはないでしょうか？　驚くことに、イヌには生ゴミやうんちなど、「臭い物にまみれたい」という人間からすると奇妙キテレツな願望があるのです。

イヌの先祖であるオオカミは、動物の死体など腐った、強烈な匂いがするものに前半身をこすりつけることがあります。野生で生きるオオカミは自分以外の匂いで身を包むことにより、自分の「体臭」をわざと消し、ほかの野生動物の警戒を緩ませて捕獲していたと言われています。臭い匂いをつけているときに、「こら！」と大声で叱りつけても、飼い主が楽しんでいると勘違いしてしまいます。何度も繰り返さないように、落ち着いた声で注意しましょう。

特にうんちや腐敗臭のする有機物を好みますが、飼い主の衣服や持ち物に体をこすりつけている場合は、「飼い主の匂いを自分につけておきたい」のだと考えられます。また、それとは逆に、お気に入りの毛布やぬいぐるみ、カーペットなどに自分の体をこすりつけて、自分の物だとアピールすることもあります。

ただし、体をこすりつけるのをなかなかやめない場合は、ダニやノミが寄生している可能性もあるので、一度病院で診てもらいましょう。

人間には理解できない、イヌの臭い物にまみれたいという欲望。やっぱり野生動物なのですね。

試しに食べてみただけなんですが、うんちって汚い物なんですか？

　初めてイヌが「うんち」を食べてしまったのを見たとき、「もしかして今、うんちを食べたの……？」と戦慄が走るものです。人間から見るとイヌがうんちを食べることは、不潔で気持ちいいものではありません。しかし、実はイヌにとっては正常とまで言わなくても、ある意味自然なことと言えます。そもそも、うんちはイヌにとって魅力的な「匂い」がするので、汚いという認識はありません。目の前にあれば興味の対象になるため、口にしてしまったのです。

　また、イヌの先祖であるオオカミは、腐った物でも平気で食べていました。その中には動物

うんちを食べる姿は人間から見ると衝撃的ですが、とにかく落ち着いて。イヌがうんちに顔を近づけたら、低い声で「ダメ！」と教えましょう。

のうんちも含まれていたこともあるでしょう。それがたまたま草食動物のうんちであれば、オオカミにとってこの上ない健康食品です。何しろ消化に役立つ酵素などを含んでいるのですから、食べないわけはありません。このようなオオカミの要素をイヌが受け継いで、うんちを食べることもあるようです。たまたま飼い主がイヌがうんちを食べる場面を見て騒いでしまうと、イヌは「自分が注目されている！」と学習して、うんち食いがクセになることもあります。その場で冷静に叱れば十分です。

ちなみに、イヌは消化酵素の不足からうんちを食べることもあると言われているので、試しに酵素補助食品などをフードに混ぜてみるのもうんち食い阻止の一案です。

『お客様今日のメニューはいかがですか?』

いまいち好みの匂いじゃないので興味が引かれませんね

イヌは基本的に何でも食べ、食べる際は、たらふく食べる習性を持っています。特に大型犬にはその傾向が見られ、好き嫌いなくよく食べます。一方、小型犬の場合、好き嫌いがあり、食にムラがあると言われ、長時間の空腹にも弱いようです。

何でも食べるイヌが、ごはんやごほうびのおやつを欲しがらないというのは、あまり聞いたことがありません。考えられるのは、ちょっとごはんを食べないことで、飼い主がフードをあれこれ変えたりした結果、イヌが美食家になっているということ。食べなければそのまま片づ

イヌがごはんを食べなければ、一度ごはんを抜いて空腹にさせるのも手。それしかなければ、そこにある物を食べてくれます。
MENU

け、次の食事でも同じフードを食べるはずです。たいていのイヌはいつものフードを食べるはずです。

しつけのおやつを食べない場合は、おやつなしでしつけをしてみましょう。飼い主のほめてくれる言葉や、やさしい愛撫もイヌにとっては最高のごほうびです。

最近では、愛犬が欲しがるからという理由で、おやつをあげ過ぎてしまい、イヌがごはんを食べないという悩みも多いよう。おやつをあげるのであればごはんの分量を減らすなどして摂取カロリーを調整しないと、肥満犬になってしまいます。ジャーキーなどは、はさみで小さくカットしておくと、少量ずつあげられるので便利です。ごほうびを食べないというのは、自己管理のできる賢いイヌなのかもしれません。

みんなの食べている物が
うらやましくて……

食事中に愛犬に吠えられると、ゆっくり食事が楽しめなくなってしまいます。

イヌはもともと、ほかのイヌの物を欲しがる習性があります。特に、食べ物に関しては貪欲と言えるでしょう。自分が獲った物は自分の物であり、基本的に他者に与えることはありません。そのくせ、ほかのイヌが食べている物も欲しがるのです。そのような習性を持つイヌからすると、人間が食事をしている光景は「〈毛皮を着てないイヌ〉がいい匂いのする食べ物を、何で自分よりたくさん食べてるんだ！」といったところでしょう。そこで、「ぼくにもちょう

『君のごはんはそこにあるでしょ？』

だいよ!」と吠えて、わけ前を催促しているのだと考えられます。このような態度をとるイヌが一度でもおこぼれをもらえた経験をしてしまうと、食事のたびに吠え続けることに。人間側は妥協せず、声をかけたり、目を合わせたりせずに、無視を貫き通しましょう。

また、人間の食べ物の中には、イヌの体にとってよくないものもあります。代表的な物が玉ねぎなどのねぎ類とチョコレート。ねぎ類は貧血に、チョコレートは中毒の原因になります。このねぎ類の入った汁物にも注意が必要です。この他にも、刺激の強い香辛料や、消化によくないたこ・いか・エビ・貝類は、嘔吐や下痢を引き起こす可能性が。鶏や魚の硬い骨類も内臓に刺さる可能性があるので避けましょう。

人間と同じ物を食べたがっても、無視を決め込みましょう。家族で共通認識を持ち、しつけをすることが大切です。

『ベタベタの口元はちょっと……』

お嫌いでしたか？　てっきり喜んでいるのかと思っていました

　たいていのイヌは、ごはんの後や水を飲んだ後、口の周りを自分でぺろりと舐めてきれいにしています。ところが、まれに、ごはんを食べ終えたら、そのまま汚れた口で飼い主の元に来て、衣服で顔を拭くイヌもいます。ちゃんと顔を拭くなんて、よっぽどきれい好きな子なのでしょうか？

　これは、飼い主の反応が面白いことにイヌが気づき、このような行動をとるようになったと思われます。「やめて～！」と怒りながらも、つい笑ってしまうと、もともといたずら好きなイヌのこと。ついついいたずらしたくなるもの

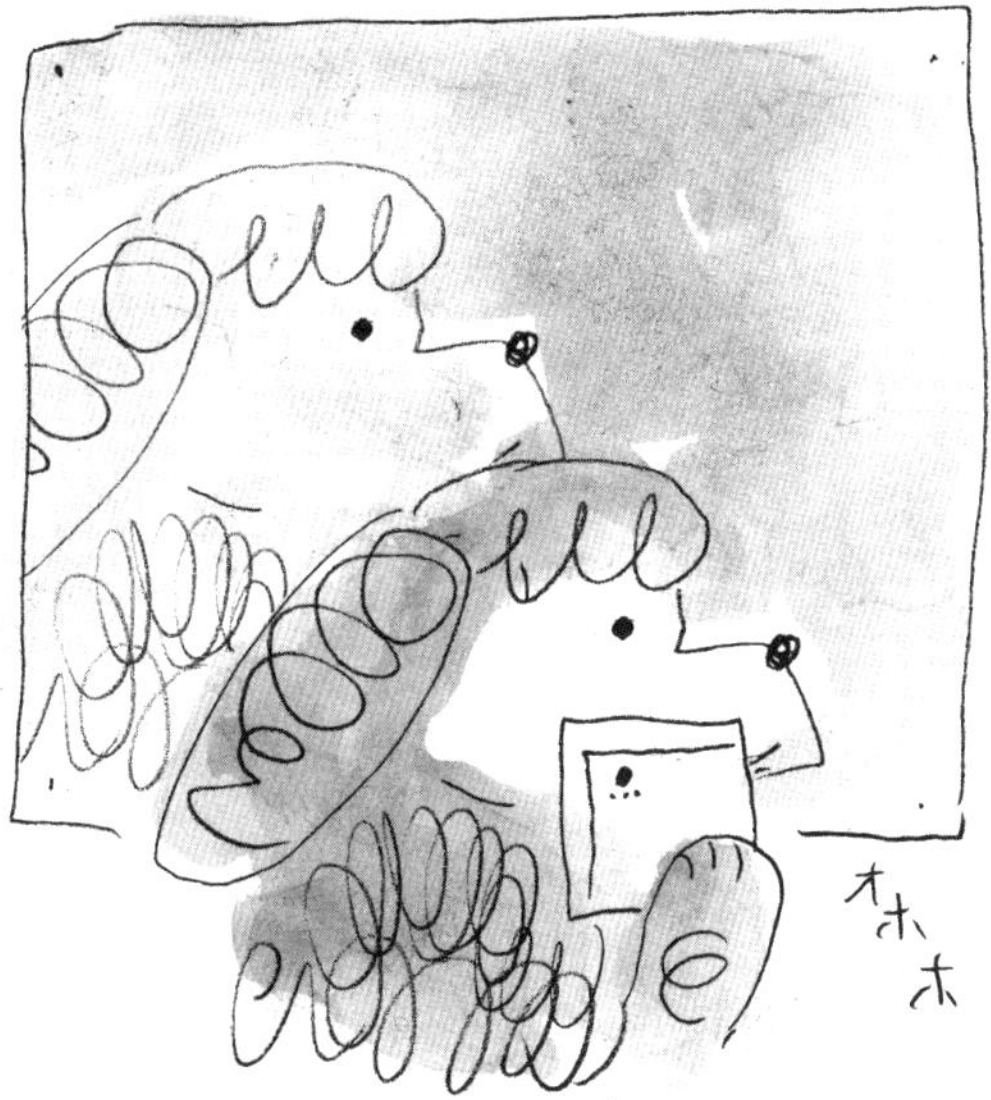

食べた後は、口元をぺろりと舌で舐めてきれいにします。毛が長い犬種は、飼い主が整えてあげてよだれやけ予防を。

なのです。本気でやめさせたいのであれば、冷静に「だめ！」と教えましょう。

　ただし、マルチーズやミニチュア・シュナウザー、トイ・プードル、日本スピッツなど、口周りにひげの生えている犬種や白い毛のイヌの場合、飼い主が口の周りを拭いて、コームで整えてあげてください。これらの犬種は、よだれや汚れが原因の「よだれやけ」になりやすい体質です。よだれから口の中の雑菌が口の周りに付着して、徐々に赤茶色になってしまいます。そのため、ごはんを食べた後は濡れタオルやウエットティッシュで汚れを拭き取り、よだれもこまめに拭いてあげる必要があります。よだれやけは特別な害はありませんが、どことなく不潔で、かわいそうに見えてしまいます。

『手作り派？市販派？』

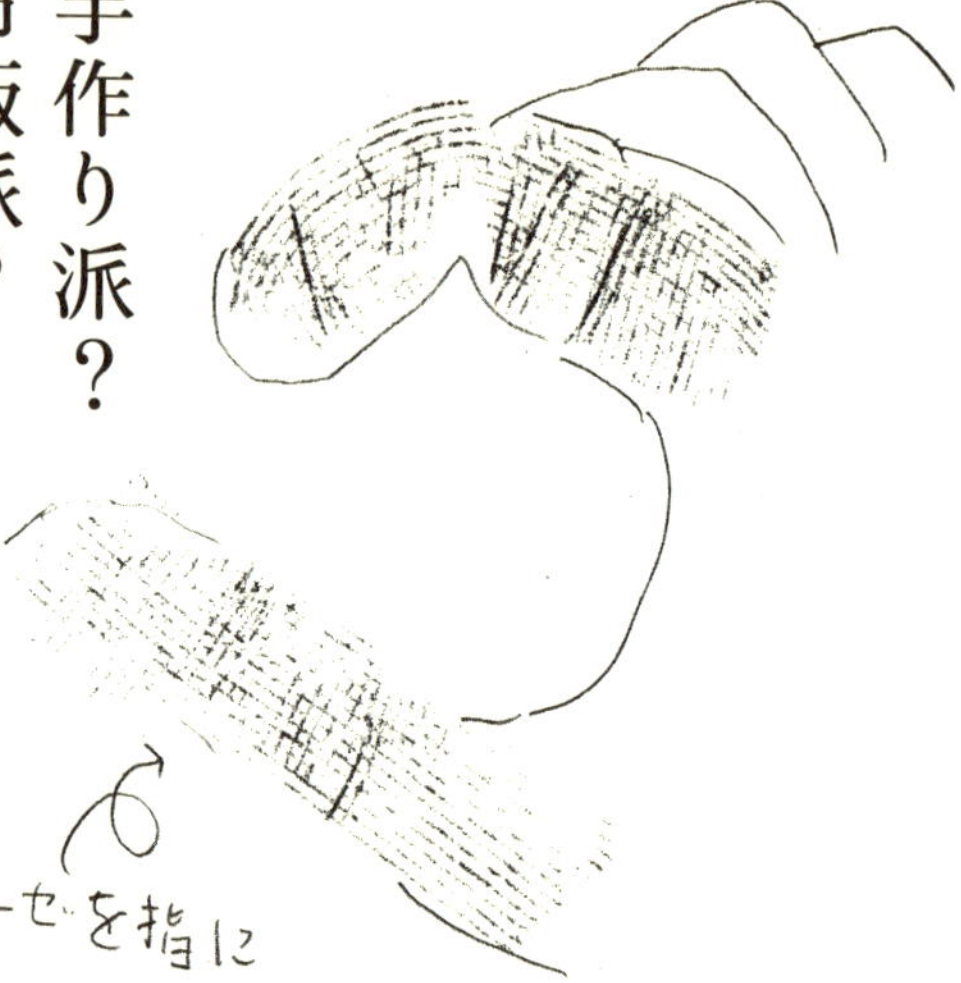

愛情たっぷりの手作りごはんは大歓迎 欲を言えばたまには歯も磨きたいです

市販のドッグフードは手軽ですが、添加物が気になることもあります。また、大切な家族の一員に、毎日レトルト食品をあげていると考える飼い主も増えました。余裕があれば、愛犬の健康を考えて、ごはんを手作りするのも楽しいものです。

人間の料理との大きな違いは、調味料は必要ないということ。おやつにジャーキーを食べたら1日の許容量をオーバーするかもしれないほど、イヌに必要な塩分量はほんのわずかです。砂糖も有害ではありませんが、カロリーが高いので、糖質は炭水化物で摂るほうがおすすめ。

イヌも虫歯や歯周病になります。歯ブラシやガーゼで歯の表面のねばねばを拭くように、軽くこすってあげるとよいでしょう。

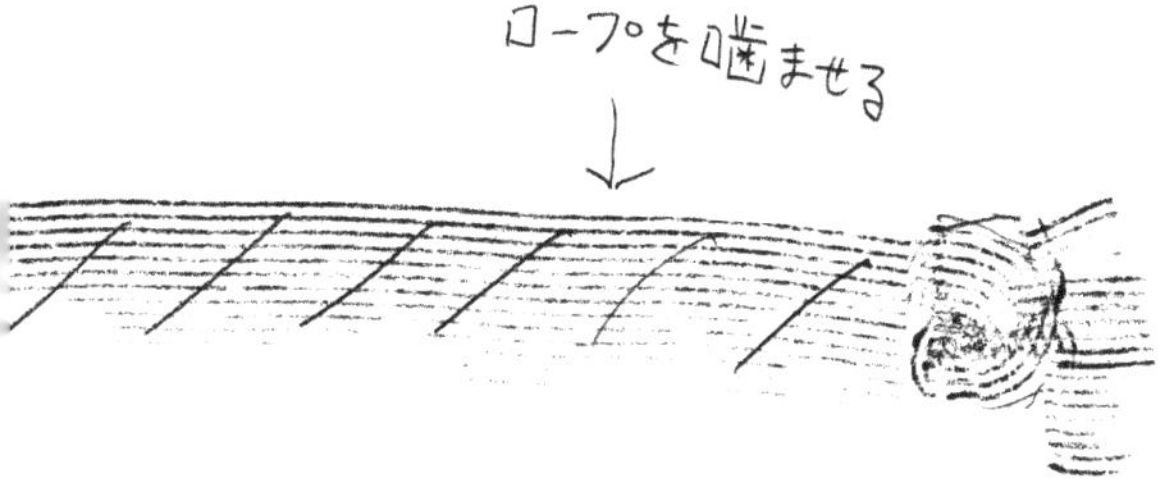

また、肉や野菜は生のほうがたんぱく質分解酵素が含まれてるため、消化しやすく、体に負担がかかりにくいとされます。ただし、生肉は衛生的に不安があるので、加熱するほうがよいでしょう。野菜も加熱すると甘みが増すので、イヌの食欲をそそりますが、生のキャベツや白菜、きゅうり、にんじんなど、しゃきしゃきした食感を好むイヌも多いよう。加熱したり、生であげたりと変化をつけてあげると飽きずに食べてくれそうです。

　また、歯周病になっているイヌが増えているので、愛犬の健康のために食後には歯みがきを。歯磨き効果のあるガムやロープなどを噛ませる方法もありますが、飼い主が指にガーゼを巻いて磨いてあげるとより効果的です。

『いい加減離してください』

遊びに夢中になって力が入っちゃうんです

愛犬のお気に入りのおもちゃを取ろうとすると、「ウーッ」と唸られたことはないでしょうか。唸られずとも、ボール遊びをしているときにボールを持ってきてくれても、なかなか返してくれない子もいます。

イヌはもともと所有欲が強い動物です。仔犬の頃に、どんな物でも飼い主の指示で放すしつけができていないと、イヌは一度手に入れた物は「自分の物」として放そうとはしません。また、夢中で遊んでいると、イヌは興奮が抑えられなくなります。取り上げようとすれば、「これは自分のおもちゃだ！　近寄るな！」といった意

どんなにイヌが遊びたがっても、「今日はもうおしまい！」。飼い主が遊びの時間を管理しましょう。

味で警告し、唸り声をあげているのです。無理やり取り上げようとすると、本能的に余計に必死に守ろうとします。

唸り声に飼い主が恐怖感を抱いて諦めると、イヌは唸れば取られないことを学習し、決して物を渡さないイヌになってしまいます。仔犬ならたとえ噛まれてもさほど痛くはないので、できれば仔犬の頃にしつけをしておくのがベストです。

おもちゃで遊ぶときは、始まりと終わりの時間やおもちゃの種類を飼い主が管理しましょう。仔犬期からおもちゃで「ちょうだい」の練習をし、口から離したらほめてあげます。なかなか離さなければ、無理に奪い取らずに、無視して興奮が冷めるのを待ちましょう。

嬉し過ぎて、どうしたらいいのかわからないんです

愛犬が足や腕、ときには座っている背中にしがみついてきて、腰をフリフリ。いわゆる「マウンティング」をされたことはないですか? 子どものようにかわいがっているイヌが腰を振るのを見ると、性的なイメージがわいてショックを受ける飼い主もいると思います。一見、イヌが交尾するときと同じ動作ですが、一般的に動物は違う種の動物に対して性的な魅力を感じることはありません。飼い主を恋人と勘違いして腰を振っているわけではないので、ご安心ください。すべてのイヌがそうとは限りませんが、興奮するとしがみついて腰を押しつけたり、腰

『去勢したのに発情期?』

大好きな家族が揃って愛犬も大興奮。無邪気でかわいい行動でもあります。無視していれば、そのうちやめてくれます。

を振ったりする子もいます。雄雌に関係なく見られますが、特に若い雄イヌや友好的で人間が大好きなイヌに多く見られるようです。嬉しくてどうしたらいいかわからず、プチパニックに陥っているといったところでしょう。

イヌ同士の場合には、相手よりも自分のほうが優位であることを主張しているときに行われることもあります。

性的な行動ではないとは言え、腰を振られるのは何となく気まずいものです。「やめて！」と大きな声を出して振り払うと、イヌは遊んでくれていると勘違いして、よけいに興奮します。できれば、イヌがしがみつこうとした瞬間に、静かに払いのけて「いけない」と指示するか、目を合わさずに完全に無視しましょう。

『噛みついた後反省しているの？』

どうしたらいいかわからないので怒りが収まるのを待っています

友だちの家に遊びに行ったら、イヌがいたのでなでようとしたら噛みつかれた！　という話が聞かれます。噛まれたほうも飼い主もショックなことです。人を噛んだ愛犬に対して、恐怖心を抱いてしまう飼い主もいるかもしれません。しかし、人に噛みついたからと言って、攻撃的な性格だとは限りません。むしろ怖がりで、怯えて噛みついた可能性が高いと言えます。

イヌはなでられると喜ぶと思い込んでいる人も多いようですが、必ずしもそうとは言えません。あまり他人に接触する機会がないイヌは、体や頭を触られるのを嫌がる傾向があります。

イヌの目線になって考えると、頭上から他人の手が来ると、攻撃されるように見えるのかもしれません。イヌと同じ目線にかがみ、「敵ではありませんよ」とあらかじめアピールしておくとイヌの恐怖心も和らぐでしょう。また、子どもは特に、遠慮なくイヌを触ります。時には、しっぽをつかんだりするため、飼い主は子どもとイヌだけにしないように、注意が必要です。

　イヌは問題行動を起こした後に、飼い主に怒られると、体を丸め、耳を伏せ、上目遣いで飼い主をじとーっと見上げます。しょんぼりと反省しているように見えるため、悪いことをしたことを認識しているのだと思いがちですが、どうしたらいいかわからず、飼い主の怒りが収まるのを待っている状態だといえます。

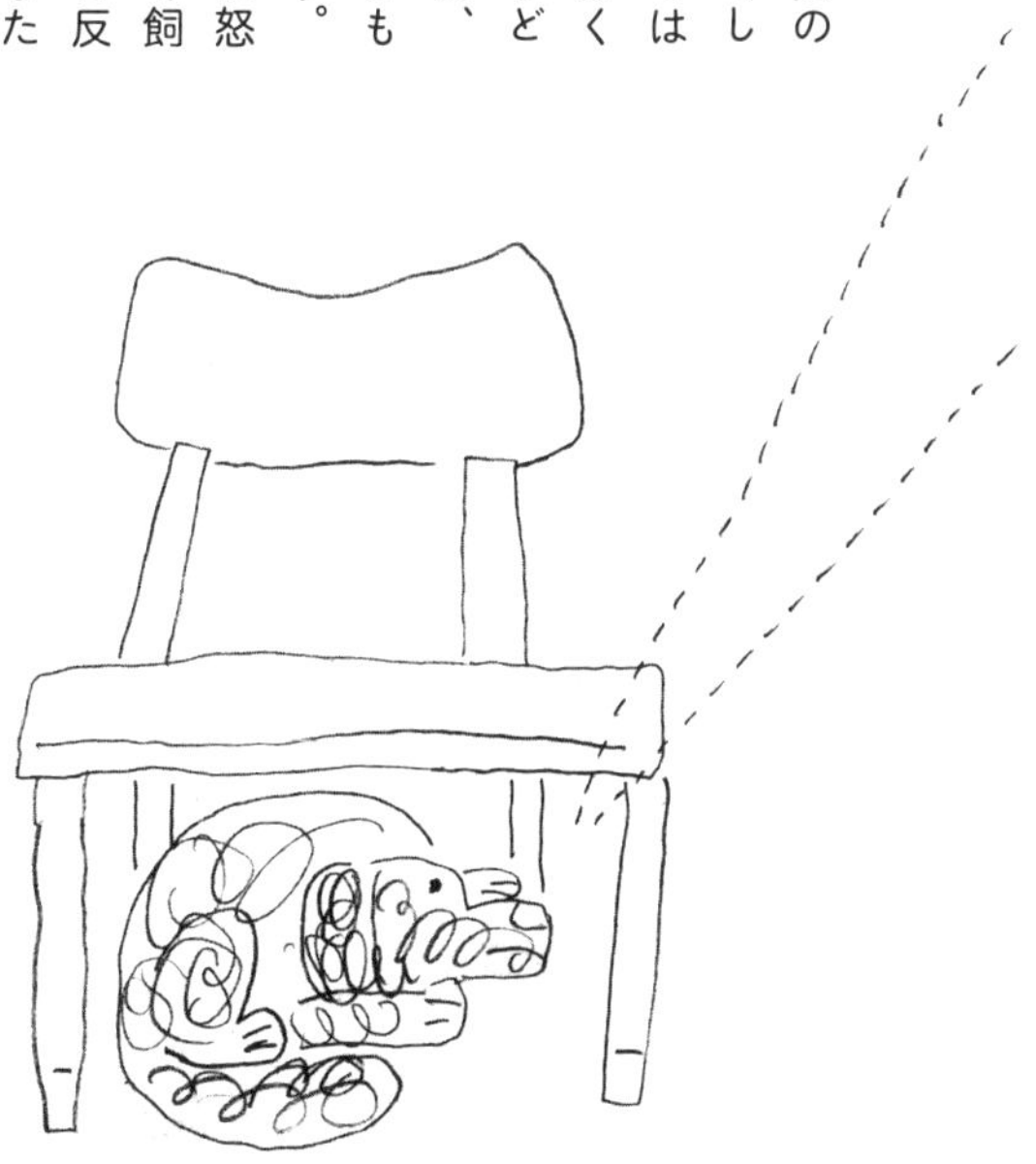

「何だかとても怖い顔をしている……」。イヌは飼い主のただならぬ様子を察知して、怒りが落ち着くのを待っています。

『おやつが一番のごほうびじゃないの？』

イヌはただおやつをくれる人が好きなのではなく、ほめて一緒に遊んでくれる飼い主が好きなのです。

あなたがほめてくれることが最高のごほうびです！

群れ社会で生きるイヌは、１匹だけで過ごすことが苦手です。人間社会、家族の中で家庭犬として暮らすにはしつけが必要です。「しつけたらかわいそう」と思う飼い主も中にはいるかもしれませんが、しつけられたほうが、イヌも人間社会で快適に暮らせます。

イヌは叱られるとその行動をやめますが、一時的に過ぎません。それよりも、ほめればほめる程よい行動をし、習慣となっていきます。しつけの際は、叱るよりもほめるほうが有効です。悪いことをしたときに「ダメ！」と言うだけでなく、悪い行動が止んだらしっかりほめてあげましょう。このとき、いけないことをしたときの「ダメ」「いけない」、ほめるときも同様に、「よし」「グッド」など、呼び方を統一するとイヌも理解しやすくなります。叱るときは、イヌの名前は呼ばないように注意します。

イヌをしつける際、ごほうびにおやつをあげると効果的ですが、絶対に必要なものではありません。飼い主がほめてくれて、優しくなでてくれるのがイヌにとっては最高のごほうび。おやつを使うなら食後ではなく、お腹が空いているときにするとよいでしょう。ただし、おやつだけで釣っていると、おやつがないと言うことを聞かない、おやつを要求するだけのイヌに。しつけの際は、ごほうびと言葉を上手く使い分けてリーダーシップを示すことが大切です。

『きゃあ〜！
待ちなさーい！』

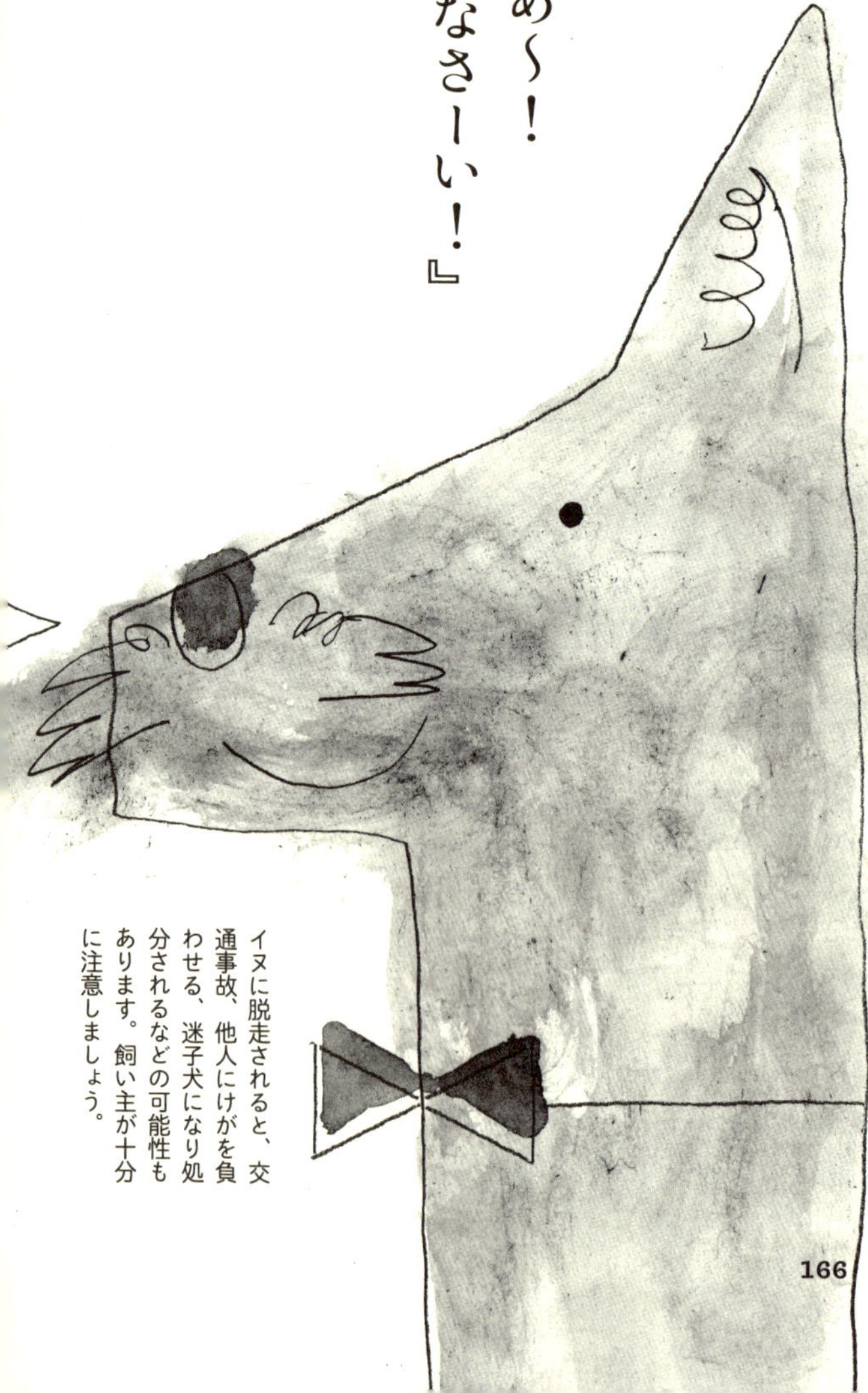

イヌに脱走されると、交通事故、他人にけがを負わせる、迷子犬になり処分されるなどの可能性もあります。飼い主が十分に注意しましょう。

ちょっと自由に遊びたいだけ
騒がれると戻りづらくなります

イヌには、ごはんをくれる人の周辺に住み着くという習性があります。そのため、イヌが逃げるというのは、そう起こることではありません。運動が足りていないなど何か大きなストレスがあるか、イヌとの信頼関係ができてないか、野生の名残りが強いのか、あるいは雌イヌの発情に誘われて脱走する、雄イヌ特有の行動とも考えられます。

散歩中に不意に首輪を抜けて逃げ出してしまう子もいますが、これは「自由になりたい」という好奇心からだと思われます。ところが、飼い主がパニックになり大騒ぎするので、イヌのほうは遊んでいるのだと思い、追いかけっこでもするかのように逃げてしまうのです。首輪抜けをされても、騒がずに。捕まえるというよりはなでることを目的に、落ち着いて呼び戻しましょう。気が済んで飼い主の元に戻ってくるものです。室外犬の場合、雷や大きな物音にパニックになり、高い塀を飛び越えて脱走することもあります。雷や花火大会の日は、室内に入れてあげてもいいかもしれません。

作家・志賀直哉さんの作品に、雑種犬のクマが引っ越し先の町で行方不明になる『クマ』という話があります。1週間後、バスの中からクマを見つけ、バスを急停車させて捕まえますが、この偶然を作家が計算したところ、20万660分の1の確率だとか。奇跡的な出来事です。

リーダーのいうことを守るのは イヌにとって快適な生き方です

イヌをしつけるのは苦手という方もいるかもしれません。作家・菊池寛さんの場合は、家族から「きちんと訓練されたシェパードを3日で狆《ちん》にする」（※狆は中国貴族の小型の愛玩犬で、お姫様のように育てられたと思われます）と言われるほど甘やかしたとか。しかし、イヌと幸せに暮らすならある程度のしつけは必要です。

しつけをする際は、指示するとき、ほめるとき、叱るときの言葉を決めてイヌを混乱させないようにします。ほめるときも叱るときも、タイミングが重要です。こちらの要望通りのことができたらその瞬間にほめる、問題行動を起こしたらそのときに叱るということを徹底しないと、イヌはどの行動をほめられ、どの行動が叱られたのか理解できません。

しつけの仕方は、イヌの性格に応じて変えたほうがよいでしょう。興奮しやすい子に大きな声で「よしよし、いい子だねえ！」と体をこねくり回すと興奮してしまいます。落ち着いた声で、イヌの頭や体を軽くたたいたり、なでるだけでよいでしょう。逆におっとりした子には、声を高くして「いい子だね」とやや大げさにほめてあげると喜んでくれるはずです。

イヌは人間の表情、声のトーンからも感情を読み取ってくれます。ほめるときは嬉しそうに、叱るときは険しい表情を作れば、イヌも人間の感情を理解しやすくなります。

群れのルールを守ることは、イヌにとって不快なことではありません。表情や声のトーンで、わかりやすく表現しましょう。

『車酔いしたの？』

生あくびやよだれが増えたら車を止めて休憩してもらえますか

もともとイヌは、車の揺れが苦手だといわれます。イヌには「車」というものが何かわからないので、人間の都合で「車にのる」という行為は緊張を伴い、体のバランス感覚を得るのに時間がかかることも考えられます。

「愛犬と一緒にドライブがしたい」という希望があるのなら、やはり仔犬の頃から慣らすことが大切です。仔犬期からイヌを車にのせる習慣をつければ、車への抵抗感も薄く、車酔いもしづらくなります。また、「小型犬のほうがドライブ好き」と言われるのは、飼い主に抱っこしてもらう機会が多いため。大型犬に比べれば、

抱きかかえられているときに起こる「揺れ」に慣れているということでしょう。

イヌが車を嫌いになるのは、初めて車にのったときに、車酔いをして気持ち悪くなった、あるいは車で苦手な病院に行ったという経験がトラウマになっているのだと思われます。「車に乗ると不快な経験を伴う」ということを記憶してしまったのでしょう。イヌは学習する動物です。一度嫌な体験をしてしまうと、車にのることを嫌がります。

イヌを車にのせる前は、ごはんを抜いておくと車酔いを多少防げます。また、運動をして疲れさせておき、車内で眠れるようにするのもよいでしょう。よだれや生あくびは「吐きそう」というサインです。

イヌが車酔いをしたら、車を止めて外の空気を吸いましょう。また、イヌを車の中に残して出かけると、熱中症の原因になるので注意を。

イヌは毛がないと、直射日光が痛いし虫がついたりで大変です

夏になると時々、飼い主が「暑いだろうから」と愛犬の毛を極端に短くカットしてしまうことがあります。この「サマーカット」こそまさしく、人間の勝手な思いやりです。確かにイヌは、私たち人間のように汗をかいて体温調節ができません。そのため、暑さに弱く、熱中症になりやすいのは事実です。しかし、イヌの毛は基本的に夏毛に生え変わるため、極端に短くカットする必要はないと言えます。

また、イヌの皮膚そのものは、人間と比べると薄いことを知っておいてください。皮膚の角質層は人間と比べて約3分の1程度の厚さしか

『あ〜さっぱりしたね！』

夏毛に生え変わらない犬種や、プードルなどどんどん毛が伸びる犬種は、風通しをよくする目的で行うこともあります。

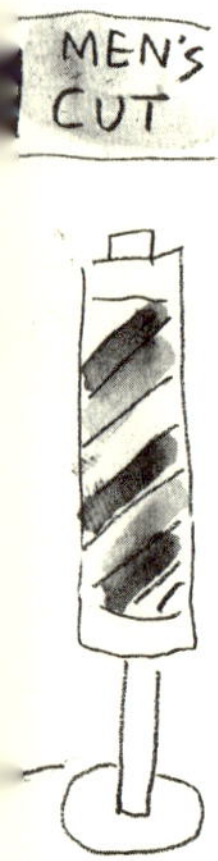

ありません。その代わりに、豊かな毛がイヌの皮膚を外的刺激から守り、体の乾燥、病原体の感染や侵入を防いでくれているのです。夏の外的刺激と言えば、太陽の紫外線です。イヌの毛が直射日光を遮り、太陽の紫外線から弱い皮膚を守っているのです。直射日光を皮膚に浴びると、より一層暑さを感じてしまいます。さらに、草むらなどに入ると、草で皮膚を傷つけたり、虫がついたりしやすくなります。イヌにとって大事な「毛」をカットすることは、病気などをあえて呼び込んでいるとも言えます。

サマーカットを勧めない理由はもうひとつあります。それは、一度短くカットしまうことで毛質が変わったり、元のように毛が伸びてこない場合もあるからです。

『次は何を着せようかしら』

イヌのおしゃれも、愛犬を子どものようにかわいがる気持ちから。超短毛の犬種なら、服がエアコンから守ってくれることもあります。

喜んでくれているみたいなので着てあげてもいいですけど……

イヌが服を着ることは、イヌにとって決して気持ちよくも、素敵なことでもありません。むしろ、居心地の悪いことだと思われます。なぜなら、彼らは「毛皮」という上着を既に着ているからです。にもかかわらず、人間は自分たちの趣味で、毛皮の上から上着、それもぴったりして動きづらいものを着せたがります。このぴったりした衣服は、イヌにとっては体を抑えつけられている感じがするため、先祖であるオオカミの本能で年長のオオカミから叱られている、あるいはしつけのときの服従行動と感じ、ストレスになります。

「うちのイヌは嬉しそうに着るけど」という飼い主がいたら、イヌ自身は不本意だけど、それを着ると飼い主が嬉しそうにしている、ほめてくれるということで、「仕方ないから、着てやるか……」といったところでしょうか。

ただし、洋服はおしゃれのためだけではありません。チワワ、ダックスフンド、フレンチ・ブルドッグ、ゴールデン・レトリーバーなど、皮膚が弱い可能性がある犬種もいます。その場合、服が夏の直射日光から皮膚を守ったり、冬は防寒の役目を果たすことに。雨の日のレインコートは泥よけにもなり、室内で服を着せれば、抜け毛をまき散らすのを防ぐこともできます。

また、イヌのファッションを楽しむのであれば、服を清潔に保つのを心がけてください。

自分の匂いまで洗い流されるのはとっても不安なものですよ

人間のスキンケアでも、「洗うか洗わないか」は大きな問題で、しばしば「洗いすぎはよくない」と言われます。極端になると「洗わない美容法」というものもあるほど。

イヌは人間よりも角質層が薄いため、人間よりもデリケートだと言えます。皮脂腺（脂肪分）を常に分泌し、体の表面を覆うことで皮膚を保護しています。過剰なシャンプーは皮脂を根こそぎ洗い落とすことに等しく、皮膚の保護という点からすればよいことではないと言えます。また、イヌにもシャンプーとの相性があり、イヌ専用の高価なものでも皮膚トラブルを起こす

『一緒に入ろうよ！』

ことがあります。理想は脂肪酸ナトリウム、脂肪酸カリウムを主成分とする自然素材の「石けん」だと言われています。石油をもとに精製した合成界面活性剤を使用しているシャンプーは、洗浄力は優れていますが、イヌの肌にはよいとは言えません。

　また、イヌはきれい好きな動物と言われていますが、「風呂に入って体を洗う」という習慣は人間が考え出したもので、イヌにはありません。「水が顔にかかる」「拘束時間が長い」といった理由で、苦手な子が多いのです。特に柴犬や秋田犬などの日本犬は、水自体苦手な子が多いようです。また、お風呂の後に、自分の匂いがなくなるのも、イヌにとって不安なもの。香りの強いシャンプーは控えましょう。

海に行った、田んぼに落ちたなど「汚れたら洗う」程度で問題なし。あまり頻度に固執しないようにしましょう。

小さい頃に親兄弟と遊んでいないから人間の家族のみなさんで十分です

イヌは仔犬の頃に、母兄弟と遊ぶことで、あいさつの仕方やボディランゲージ、じゃれ方などイヌ社会のルールを学びます。これらは、人間が教えることはできないことですし、ひとりで学ぶこともできません。そのため、仔犬の時期にイヌ同士で遊ぶことは大切なことです。

例えば、捨てられている仔犬を拾った家庭の話だと、幼少期に親兄弟と遊んでいないためか、ほかのイヌを怖がったり、攻撃してしまったり、ほかのイヌと接するのが苦手だと言います。きっとどうしたらいいかわからなくて、上手に遊べないのでしょう。こういった場合、生後2ヶ

『1匹でも寂しくないかい?』

月半から４ヶ月くらいまでの仔犬を対象にしたパピークラスなどで、ほかのイヌと遊ばせてみるといいかもしれません。

また、飼い主は同じ犬種や大きさのイヌを見ると、友だちになれるのではないかと思いがちです。しかし、イヌにも相性があります。２匹のイヌの一方が、仔犬期からイヌに慣れていて、もう一方は慣れていない場合、突然飼い主の都合で、友だちにさせようとしても無理がありま す。飼い主同士でイヌの顔を近づけてあいさつさせると、「けんかを売る」ことにもなりかねません。現代のイヌにとって、大事な群れは飼われている「家庭」です。家庭内で愛犬をメンバーの一員として接してあげれば、それで十分ではないでしょうか。

ネコとは違い、イヌは群れる動物なので仲間が必要だと思い込みがち。しかし、現代のイヌの群れは「人間の家族」なのです。

『ダッコサセテイタダケマスカ？』

怖がっていたら、イヌも緊張してしまいます。イヌに好かれたいなら、作家・太宰治さんのようにいい人アピールをしてみては？

そちらに緊張されると イヌも緊張しちゃうんです

イヌに好かれる人、なぜかイヌに吠えられる人。イヌは人間のどこを見て、「好き嫌い」を判断しているのでしょうか。おそらく、イヌに対する緊張感だと思われます。イヌが苦手な人がイヌを見ると、どこか緊張してしまいます。イヌはそれを敏感に察知し自分も緊張するのです。逆に、イヌを見てもリラックスしていると、「この人は遊んでくれるかな?」とイヌは興味を持ちます。イヌに好かれたかったら、イヌが近寄ってこない限り、自分から行動を起こさないことも大切。イヌは自分が興味を持てば近寄ってくるし、興味がない、もしくは警戒していれば近寄ってきません。

作家・太宰治さんの随筆『畜犬談』には、イヌ嫌いの太宰さんがイヌに好かれ、次第にイヌ好き人間になる過程が書かれています。「私は犬について自信がある、いつか必ず喰いつかれるであろうという自信である。」と記し、イヌを怖い生き物として見ています。そして、イヌへの対処法として「野良犬に遭遇したら満面の笑みを見せて自分は『害』のない人間であるかのようにしたり夜には笑顔が見えないと困るから無邪気な童謡を口ずさ」み、自分は優しい人間であることを野良犬にアピールします。ところが、この行動のためか皮肉にもイヌに好かれてしまい、仔犬がどこからか彼の後をついてきます。イヌに好かれるヒントが隠されています。

『どこを触っても嬉しそうだね！』

スキンシップって思えばどこを触られてもへっちゃらです！

イヌにとって、スキンシップはしつけに欠かせない手段です。人間だって、幼い子は両親から頭をなでられてほめられるのが大好きですし、体の触れ合いから愛情を感じるものです。イヌも同じように、飼い主とのスキンシップが大好きです。飼い主がやさしくなでてくれれば、「ぼく、愛されてる！」と実感できます。逆に、触れ合う時間が少ないと問題行動を起こしがちに。ですから、しつけをする際も、ほめるときのスキンシップがとても有効です。なでてあげるだけで、それがごほうびになります。イヌがさわられてうれしいのは、うなじから背中にかけて、

そしてのどから胸あたり。しっぽや足、鼻先は嫌がられるだけなので注意してください。

スキンシップをとるためには、まず飼い主からどこを触られても嫌がらないように、仔犬の頃から慣れさせておくことが大切。時には、飼い主が愛犬の歯を磨いてあげたり、爪を切ってあげたりしなければいけません。普段から耳のあたりを優しく触ってあげたり、横になっているときに肉球をマッサージしてあげると、イヌもリラックスするようになります。日頃からスキンシップをしっかりとって、飼い主に体を触られることが気持ちよいことだとイヌにインプットさせましょう。また、体を触られることに慣れたら、次は他の人から触られることにも慣れさせましょう。

関係性を良好にするしつけ❶

アイコンタクト／フェイスコンタクト

『名前を呼んだら顔を見せてね』

名前を呼んで顔を向けたら、笑顔でほめましょう。

何気なく目が合ったときも、笑顔で微笑んで。

いつでも、ご主人様の笑顔が見たいんです

名前を呼ぶと、飼い主のほうに「顔を向ける」。これだけのことですが、アイコンタクトは服従訓練の基礎となります。例えば、「おすわり」の指示を出すとき、まず目線を合わせます。イヌが応えたら目を見て、笑顔でほめてあげます。こうした指示の出し方を身につけると、イヌは「目が合うといいことがある！」と学習し、飼い主に注目することが多くなり、「いざ」というときにイヌをコントロールしやすくなります。最初はイヌもじっと見ることはありません。飼い主の声に反応して振り向いたら、飼い主は笑顔でほめるフェイスコンタクトを忘れずに。

関係性を良好にするしつけ❷

待て！

『命に関わることもあるからしっかり覚えてね』

片手にごほうびを持って「お座り」をさせ、もう一方の手を開いて「待て」と指示する。指示語は落ち着いた声で。

イヌが「お座り」と「待て」ができたら、明るく高い声でほめてごほうびを。徐々におやつなしで訓練を。

いきなり、長時間待たされるとお尻が浮いちゃいます

「おすわり」を覚えたら、「待て」を覚えさせるチャンスです。まず、片手にごほうびのおやつを持ち「おすわり」の指示を出します。イヌが座ったら、もう一方の手を開きながら「待て」の指示を出します。1～2秒座った状態ができたら、動いてもいいよの指示として「OK」を。繰り返し行うと、イヌも「OK」の意味を理解します。このとき、飼い主はつい長く待たせがちですが、イヌに新しいことを教える場合、失敗をさせずに、成功感を持たせることが重要です。初めは1～2秒、次に3～5秒くらいと徐々にグレードを上げましょう。

トイレ

『室内でも外でもできたら理想的だね！』

イヌがもよおしたと感じたら、トイレに連れて行く。

トイレで排泄したら、思いっきりほめる。

そわそわしたら、トイレの合図トイレに誘導してください

小型犬、大型犬に限らず、基本は室内で、散歩のときは外で、両方でトイレができると飼い主もイヌも将来的に楽です。というのも、特に大型犬の場合、外で排泄習慣をつけてしまうと、病気になったときにイヌも飼い主も大変です。長年外で排泄を続けてしまうと、イヌも室内で排泄することに抵抗を感じます。そうすると、体重が30キロ以上の大型犬を抱っこして外に連れ出し、排泄させなければいけません。早い段階で、室内でもできるようにしつけましょう。イヌがそわそわしたら、「おしっこ」「うんち」などの声をかけて、トイレに誘導してください。

呼び戻し

『呼んだらすぐに戻って来て遠くに行くと心配だよ』

はじめはリードの範囲内で練習。戻って来たらほめて、「飼い主に呼ばれるといいことがある」と思わせる。

ロングリードで練習。無理にリードを引っ張らず、おもちゃやおやつを見せて呼び戻す。戻ったらたっぷりほめる。

ほんとはもっと遊びたいけどあなたの言うことなら！

遊んでいるときに飼い主に呼ばれても、「もうちょっと遊びたい」というのがイヌの本音です。迷っているうちに飼い主が怒り始め、イヌは「戻ると叱られそう」あるいは「捕まえてみろ」と逃げ回ります。たとえ戻って来ても、行かないと叱られるからでは意味がありません。大切なのは、「飼い主が呼んでるから戻ろう！」というイヌの意思です。では、どうしたら「魅力的な飼い主」になれるのでしょう？ それは、イヌと一緒に散歩を楽しむことです。イヌは外での楽しみを飼い主と共有すると、仲間意識が強くなり呼び戻しも自然と身につきます。

HELP!
イヌがつぶやく体調のサイン

何だか調子が悪いんです……

イヌは体調が悪くなっても、それを伝えることができません。愛犬の健康を管理したり、具合が悪いことに気づいてあげるのは飼い主の仕事です。イヌの様子の変化に気づいてあげられるように、毎日のイヌの行動や仕草、排便の様子を観察し、体をなでてあげて、健康をチェックしましょう。イヌは人間と同じようにライフステージや体重、運動量により、1日のカロリーの必要量が変化します。同じ量を食べても太ったり太らなかったりする人がいるように、イヌにも個体差があるので、飼い主が愛犬の必要量を見極めてあげましょう。

足を引きずっている、目やにが出る、下痢をする、食欲がない、嘔吐を繰り返す、と言ったように、明らかに体の異状があるとわかる場合は、早めに獣医さんへ行くようにしましょう。また、イヌは意外な仕草や行動で、体調不良を訴えていることがあるのでサインを見逃さないようにしてあげてください。

HELP!

異常によだれを垂らす

イヌはよだれを出して体温調節をしますが、熱中症になると、よだれが多くなります。涼しい場所に移して体に水をかけて冷やしましょう。暑くない場合、ほかの病気の可能性もあるので病院へ。

HELP!

頭をぶんぶんふる

何度も頭をふる場合は、耳の異常が疑われます。イヌの耳の中は人間よりも通気性が悪く、耳あかに細菌が繁殖しやすく、外耳炎などの病気を引き起こします。垂れ耳くんは耳掃除を欠かさずに。

HELP!

大量に水を飲む

散歩や激しい運動後は大量の水を飲みますが、水が不足しているとは思えないときに大量の水を飲む場合は注意が必要です。腎炎、膀胱炎、子宮蓄膿症、糖尿病などの病気のサインかもしれません。

おわりに

人の気持ちは、行動や言動で表現できますし、それを伝えることもある程度はたやすいことです。そして、他の動物とは違い、本音と建て前を上手く使いわけることもできます。本心では、「この人苦手……」と思いながらも愛想笑いをしてその場を取り繕い、腹の中で「あかんべー」をするなんてことはないでしょうか。ところがイヌにはこれができません。それどころか、好き嫌いははっきりしていますし、嬉しい、怖い、といった感情を非常に素直に表現します。自分が過去に出会って嬉しい気持にさせてくれた人やイヌに出会えば、全身でその嬉しさを表し、嫌な思いや不快な気持ちにさせられた相手なら明確に拒否する動物なのです。

しかし、そのイヌの「気持ち」を知るにはかなりの時間と観察力が必要になります。そこで本書では対話形式で、人間からの疑問にイヌが答える形で、彼らの行動や習慣を動物行動学や動物心理学からの視点で紐解きました。例えば犬に服を着せたがる飼い主に対して、イヌの本音は「本当は着たくないけれども飼い主が喜び褒めてくれるから着ていた」、飛びつくことを叱る飼い主に対して、「そうしたのは飼い主さんだよ」と言ったことなど、人間で言うところの犬の本音を集めてみましたが、いかがでしたでしょうか。読者のみなさまが愛犬の「本音」に耳を傾ける時間を今より少しでも増やしていただけたら幸いです。

監修者
中村多恵（なかむら・かずえ）
犬のしつけカウンセラー。日本能力開発推進協会認定上級心理カウンセラー。愛玩動物飼育管理士1級を所持。1990年にテリー・ライアン女史から犬のしつけ陽性強化法（ほめてしつける）の理論を学び、日本動物病院福祉協会家庭犬インストラクターレベル7を修了。その後八王子市内、相模原市内の動物病院、ペットショップにてパピー、成犬のしつけを行う傍ら問題行動の個人相談を担当。自身のイヌ飼育歴は50数年にのぼり、現在は愛犬のラブラドールレトリーバー２匹と暮らしながら、イヌの問題行動及びペットロスで悩む飼い主の相談を受けている。著書に、本書の続編『もっと犬に言いたい　たくさんのこと』（池田書店）がある。

アートディレクション・デザイン　吉池康二（アトズ）
イラストレーション　ワタナベケンイチ
ライティング　ふなかわなおみ（からくり社）
企画・編集　株式会社童夢

写真協力（50音順）
クリ　グリ　こつぶ　小鉄　コフィ　さつき　サラ　竹　たまお
ナツ　バンビ　マル　みりん　みるく　メイプル　レイラ

参考文献

『犬から見た世界』（白揚社）
『犬の愛に嘘はない』（河出文庫）
『イヌの“本当の気持ち”がわかる本』（ナツメ社）
『作家の犬』（平凡社）
『しぐさでわかる「イヌの気持ち」』（PHP研究所）
『知っておきたいイヌの気持ち』（西東社）
『ペットロス・ケア』（読売新聞社）
『よくわかる犬種図鑑185』（主婦の友社）

犬に言いたい　たくさんのこと
監修者　中村多恵
発行者　池田　豊
印刷所　萩原印刷株式会社
製本所　萩原印刷株式会社
発行所　株式会社池田書店
東京都新宿区弁天町43番地（〒162-0851）
電話03-3267-6821（代）／振替00120-9-60072
落丁、乱丁はお取り替えいたします。

ISBN978-4-262-13134-4

1304110